Introduction to Vector Space

はじめて学ぶ
ベクトル空間

碓氷 久
高遠節夫
濵口直樹
松澤 寛
山下 哲
共著

大日本図書

まえがき

平面および空間のベクトルは，大きさと向きをもつ量として定義され，図形を扱うときに広く用いられている．また，行列と行列式は，もともとは連立1次方程式を見通しよく表して解を求める方法として考え出され，16世紀以降に大きな発展を遂げた．上のように定義されたベクトルは幾何ベクトルといわれ，その成分の個数は空間ベクトルでも3である．一方，行列における行や列の個数は3に限定されず，行列のもつ多くの性質は，一般の場合でも同様に成り立つ．そこで，より多くの成分をもち，幾何ベクトルと同様な性質を満たすベクトルを考えることは自然である．これらのベクトル全体の集合をベクトル空間といい，幾何学に限らない多くの分野で用いられている．

本書は，幾何ベクトル，行列，行列式を一通り学んだ人が，ベクトル空間に関する内容を初めて学ぶための教科書である．1章では，本書で必要となる事項を復習的にまとめた．特に，ベクトルの線形独立（1次独立）は重要であり，大日本図書「新線形代数」や行列・行列式関連の他書を適宜参照することが望まれる．2章からは，数ベクトル空間，線形変換と線形写像，部分空間，一般のベクトル空間を順に学ぶ構成をとっている．また，補章として，ジョルダン標準形について具体例を主に解説した．

今回の編集にあたっては，各著者が分担する章を交換して再び修正執筆することを繰り返して，全体の統一がとれたものになるように努めた．

終わりに，本書の編集にあたり，有益なご意見や周到なご校閲をいただいた多くの先生方に深く謝意を表したい．

平成28年10月

著者一同

目次

1章 ベクトル・行列・行列式

ベクトル $\boldsymbol{a} = \overrightarrow{\mathrm{AB}}$ は，大きさと向きとをもつ量として定義され，平面または空間では，**有向線分**として表された．

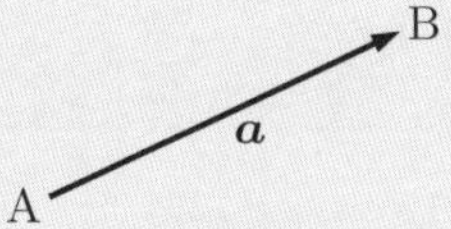

平面における**基本ベクトル**，すなわち x 軸，y 軸の正の向きと同じ向きをもつ大きさ 1 のベクトル（**単位ベクトル**）をそれぞれ $\boldsymbol{i}$, $\boldsymbol{j}$ とおくと，任意のベクトル $\boldsymbol{a}$ は $\boldsymbol{i}$, $\boldsymbol{j}$ の**線形結合**で表される．

$$\boldsymbol{a} = a_1\boldsymbol{i} + a_2\boldsymbol{j}$$

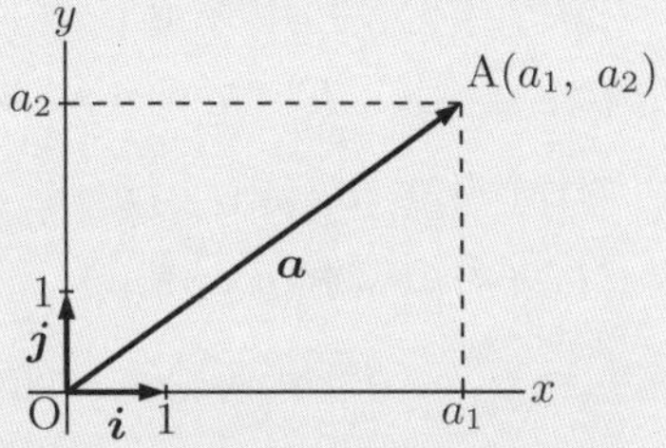

このとき，ベクトル $\boldsymbol{a}$ を次のように表し，これをベクトルの**成分表示**という．

$$\boldsymbol{a} = (a_1,\ a_2) \quad \text{または} \quad \boldsymbol{a} = \begin{pmatrix} a_1 \\ a_2 \end{pmatrix} \tag{1}$$

(1) の 2 つの式の右辺のように，数を横方向または縦方向に並べたものをそれぞれ**行ベクトル**，**列ベクトル**といい，まとめて**数ベクトル**という．行列は，数ベクトルをいくつか並べたものである．

本章では，ベクトルと行列および行列式について，一通り復習するが，大日本図書「新線形代数」等を適宜参照するとよい．

§1 ベクトルの演算

2つのベクトル $\boldsymbol{a}$, $\boldsymbol{b}$ が同じ大きさで，向きも同じであるとき，$\boldsymbol{a}=\boldsymbol{b}$ と書く．また，大きさが0のベクトルを**零ベクトル**といい，$\boldsymbol{o}$ で表す．

ベクトルに対して，実数のことを**スカラー**という．

ベクトル $\boldsymbol{a}$, $\boldsymbol{b}$ とスカラー λ があるとき，**和** $\boldsymbol{a}+\boldsymbol{b}$ と**スカラー倍** $\lambda\boldsymbol{a}$ が図のように定義される．特に，$\boldsymbol{o}$ について

$$\boldsymbol{a}+\boldsymbol{o}=\boldsymbol{a},\ 0\boldsymbol{a}=\lambda\boldsymbol{o}=\boldsymbol{o} \quad (1)$$

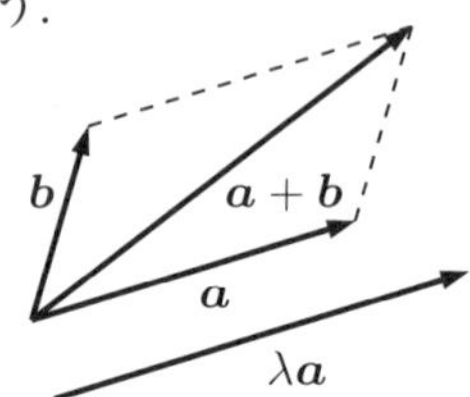

ベクトルの和とスカラー倍について，次の性質が成り立つ．

ベクトルの性質

$\boldsymbol{a}$, $\boldsymbol{b}$, $\boldsymbol{c}$ がベクトルで，λ, μ がスカラーのとき

(Ⅰ) $\boldsymbol{a}+\boldsymbol{b}=\boldsymbol{b}+\boldsymbol{a}$ （交換法則）

(Ⅱ) $(\boldsymbol{a}+\boldsymbol{b})+\boldsymbol{c}=\boldsymbol{a}+(\boldsymbol{b}+\boldsymbol{c})$ （結合法則）

(Ⅲ) $\lambda(\mu\boldsymbol{a})=(\lambda\mu)\boldsymbol{a}$

(Ⅳ) $(\lambda+\mu)\boldsymbol{a}=\lambda\boldsymbol{a}+\mu\boldsymbol{a}$

(Ⅴ) $\lambda(\boldsymbol{a}+\boldsymbol{b})=\lambda\boldsymbol{a}+\lambda\boldsymbol{b}$

$\boldsymbol{a}$ に対して，大きさが同じで向きが反対のベクトルを $-\boldsymbol{a}$ で表す．このとき

$$\boldsymbol{a}+(-\boldsymbol{a})=\boldsymbol{o} \quad (2)$$

が成り立つ．$-\boldsymbol{a}$ を $\boldsymbol{a}$ の**逆ベクトル**という．

また，$\boldsymbol{a}$, $\boldsymbol{b}$ について，**差** $\boldsymbol{b}-\boldsymbol{a}$ を

$$\boldsymbol{a}+\boldsymbol{x}=\boldsymbol{b} \quad (3)$$

を満たすベクトル $\boldsymbol{x}$ として定める．

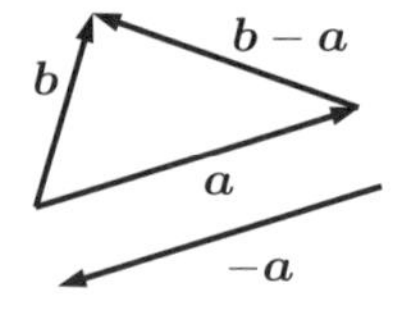

平面および空間のベクトルの成分表示は，それぞれ2個および3個の成分をもつ数ベクトルで表される．以後，主に空間のベクトルで説明することとし，成分表示を列ベクトルで表すことにする．

$$\boldsymbol{a} = \begin{pmatrix} a_1 \\ a_2 \\ a_3 \end{pmatrix},\ \boldsymbol{b} = \begin{pmatrix} b_1 \\ b_2 \\ b_3 \end{pmatrix}$$

このとき，和 $\boldsymbol{a}+\boldsymbol{b}$ とスカラー倍 $\lambda\boldsymbol{a}$ は次のようになる．

$$\begin{pmatrix} a_1 \\ a_2 \\ a_3 \end{pmatrix} + \begin{pmatrix} b_1 \\ b_2 \\ b_3 \end{pmatrix} = \begin{pmatrix} a_1+b_1 \\ a_2+b_2 \\ a_3+b_3 \end{pmatrix},\ \lambda\begin{pmatrix} a_1 \\ a_2 \\ a_3 \end{pmatrix} = \begin{pmatrix} \lambda a_1 \\ \lambda a_2 \\ \lambda a_3 \end{pmatrix}$$

また，$\boldsymbol{o}$, $-\boldsymbol{a}$ および差 $\boldsymbol{b}-\boldsymbol{a}$ は次のように計算される．

$$\boldsymbol{o} = \begin{pmatrix} 0 \\ 0 \\ 0 \end{pmatrix},\ -\boldsymbol{a} = \begin{pmatrix} -a_1 \\ -a_2 \\ -a_3 \end{pmatrix},\ \boldsymbol{b}-\boldsymbol{a} = \begin{pmatrix} b_1-a_1 \\ b_2-a_2 \\ b_3-a_3 \end{pmatrix}$$

2ページのベクトルの性質は，成分表示を用いて容易に示される．

§2　ベクトルの内積

ベクトル $\boldsymbol{a}, \boldsymbol{b}$ の大きさをそれぞれ $|\boldsymbol{a}|$, $|\boldsymbol{b}|$ で表すとき，内積 $\boldsymbol{a}\cdot\boldsymbol{b}$ を次の式で定める．

$$\boldsymbol{a}\cdot\boldsymbol{b} = |\boldsymbol{a}||\boldsymbol{b}|\cos\theta \qquad (1)$$

ただし，θ は $\boldsymbol{a}$ と $\boldsymbol{b}$ のなす角であり，$\boldsymbol{a}=\boldsymbol{o}$ または $\boldsymbol{b}=\boldsymbol{o}$ のときは，$\boldsymbol{a}\cdot\boldsymbol{b}=0$ とする．

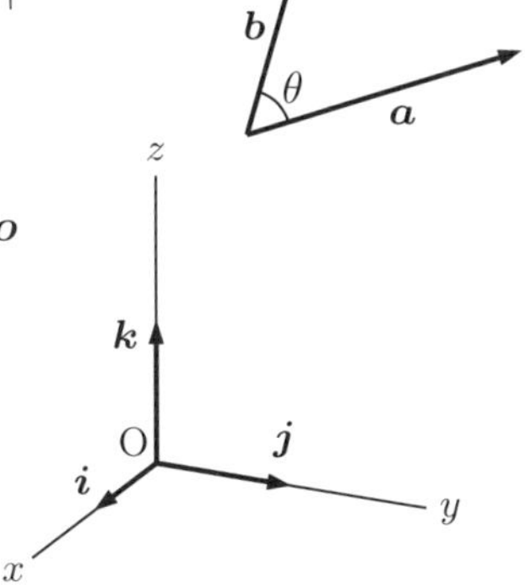

例1　基本ベクトル $\boldsymbol{i}$, $\boldsymbol{j}$, $\boldsymbol{k}$ について

$$\boldsymbol{i}\cdot\boldsymbol{i} = \boldsymbol{j}\cdot\boldsymbol{j} = \boldsymbol{k}\cdot\boldsymbol{k} = 1$$
$$\boldsymbol{i}\cdot\boldsymbol{j} = \boldsymbol{j}\cdot\boldsymbol{k} = \boldsymbol{k}\cdot\boldsymbol{i} = 0$$

内積について次の性質が成り立つ．

内積の性質 (1)

$\boldsymbol{a}$, $\boldsymbol{b}$, $\boldsymbol{c}$ がベクトルで，λ がスカラーのとき

(I)　$\boldsymbol{a}\cdot\boldsymbol{b}=\boldsymbol{b}\cdot\boldsymbol{a}$　　（交換法則）

(II)　$(\lambda\boldsymbol{a})\cdot\boldsymbol{b}=\boldsymbol{a}\cdot(\lambda\boldsymbol{b})=\lambda(\boldsymbol{a}\cdot\boldsymbol{b})$

(III)　$\boldsymbol{a}\cdot(\boldsymbol{b}\pm\boldsymbol{c})=\boldsymbol{a}\cdot\boldsymbol{b}\pm\boldsymbol{a}\cdot\boldsymbol{c}$　　（分配法則）

$\boldsymbol{a}=\boldsymbol{b}$ のときは，(1) より

$$\boldsymbol{a}\cdot\boldsymbol{a}=|\boldsymbol{a}||\boldsymbol{a}|\cos 0=|\boldsymbol{a}|^2 \tag{2}$$

内積の性質 (1) の (II) と (2) より

$$|\lambda\boldsymbol{a}|^2=\lambda\boldsymbol{a}\cdot\lambda\boldsymbol{a}=\lambda^2\boldsymbol{a}\cdot\boldsymbol{a}=\lambda^2|\boldsymbol{a}|^2$$

また，$\boldsymbol{a}$ と $\boldsymbol{b}$ が垂直のときは，$\cos\dfrac{\pi}{2}=0$ より，$\boldsymbol{a}\cdot\boldsymbol{b}=0$ である．このとき，$\boldsymbol{a}$ と $\boldsymbol{b}$ は**直交する**という．

以上のことから，次の性質が成り立つ．

内積の性質 (2)

(I)　$\boldsymbol{a}\cdot\boldsymbol{a}=|\boldsymbol{a}|^2$

(II)　$|\lambda\boldsymbol{a}|=|\lambda||\boldsymbol{a}|$

(III)　$\boldsymbol{a}\neq\boldsymbol{o}$, $\boldsymbol{b}\neq\boldsymbol{o}$ のとき　　$\boldsymbol{a}\perp\boldsymbol{b}\iff\boldsymbol{a}\cdot\boldsymbol{b}=0$

ベクトルの成分表示を用いると，内積 $\boldsymbol{a}\cdot\boldsymbol{b}$ は次のようになる．

$$\boldsymbol{a}\cdot\boldsymbol{b}=\begin{pmatrix}a_1\\a_2\\a_3\end{pmatrix}\cdot\begin{pmatrix}b_1\\b_2\\b_3\end{pmatrix}=a_1b_1+a_2b_2+a_3b_3 \tag{3}$$

また，ベクトルの大きさ $|\boldsymbol{a}|$ は次で計算される．

$$|\boldsymbol{a}|=\sqrt{\boldsymbol{a}\cdot\boldsymbol{a}}=\sqrt{{a_1}^2+{a_2}^2+{a_3}^2} \tag{4}$$

§3 行列の演算

m 個の成分をもつ n 個の列ベクトル

$$\boldsymbol{a}_1 = \begin{pmatrix} a_{11} \\ a_{21} \\ \vdots \\ a_{m1} \end{pmatrix},\ \boldsymbol{a}_2 = \begin{pmatrix} a_{12} \\ a_{22} \\ \vdots \\ a_{m2} \end{pmatrix},\ \cdots,\ \boldsymbol{a}_n = \begin{pmatrix} a_{1n} \\ a_{2n} \\ \vdots \\ a_{mn} \end{pmatrix}$$

を横に並べたものを m 行 n 列の**行列**，または $m \times n$ **行列**といい

$$A = (\boldsymbol{a}_1\ \boldsymbol{a}_2\ \cdots\ \boldsymbol{a}_n) = \begin{pmatrix} a_{11} & a_{12} & \cdots & a_{1n} \\ a_{21} & a_{22} & \cdots & a_{2n} \\ \vdots & \vdots & \cdots & \vdots \\ a_{m1} & a_{m2} & \cdots & a_{mn} \end{pmatrix} \tag{1}$$

のように表す．この行列を簡単に $A = (a_{ij})$ と表すこともある．

（注）　行列は，行ベクトルを縦に並べたものと考えることもできる．

行列において，横の並びを**行**，縦の並びを**列**という．第 i 行と第 j 列の交わる位置にある成分を $(i,\ j)$ **成分**という．

行の数と列の数とがともに n である行列を n **次の正方行列**という．

n 次の正方行列 $A = (a_{ij})$ において，$a_{11},\ a_{22},\ \cdots,\ a_{nn}$ を**対角成分**という．対角成分以外の成分がすべて 0 である行列を**対角行列**，特に，対角成分がすべて 1 である対角行列を**単位行列**といい，E で表すことにする．

$$A = \begin{pmatrix} a_{11} & a_{12} & \cdots & a_{1n} \\ a_{21} & a_{22} & \cdots & a_{2n} \\ \vdots & \vdots & \ddots & \vdots \\ a_{n1} & a_{n2} & \cdots & a_{nn} \end{pmatrix}$$

2 つの行列 $A,\ B$ について，行の数も列の数も等しく，対応する成分がすべて等しいとき，A と B は**等しい**といい，$A = B$ と書く．

行の数も列の数も等しい行列 A, B の**和** $A+B$ は，対応する成分の和を成分とする行列として定められる．同様に，任意のスカラー λ と行列 A に対して，A の**スカラー倍** λA を，A の各成分を λ 倍した行列と定める．

また，すべての成分が0である行列を**零行列**といい，O で表す．

このとき，2ページのベクトルの性質および(1)は，ベクトルを行列で置き換えて成り立つ．$-A$ および差 $B-A$ についても同様である．

いずれも m 個の成分をもつ行ベクトルと列ベクトルの積を次のように定める．

$$\begin{pmatrix} a_1 & a_2 & \cdots & a_m \end{pmatrix} \begin{pmatrix} b_1 \\ b_2 \\ \vdots \\ b_m \end{pmatrix} = a_1b_1 + a_2b_2 + \cdots + a_mb_m \tag{2}$$

一般に，A を $l \times m$ 行列，B を $m \times n$ 行列とするとき，A の m 次の第 i 行ベクトルと B の m 次の第 j 列ベクトルの積を c_{ij} $(i=1, 2, \cdots, l,\ j=1, 2, \cdots, n)$ とおき，c_{ij} を $(i,\ j)$ 成分とする $l \times n$ 行列を A と B の**積**といい，AB と書く．

例2　$$\begin{pmatrix} 1 & 4 & 1 \\ 4 & 2 & 1 \end{pmatrix} \begin{pmatrix} 3 \\ 5 \\ 6 \end{pmatrix} = \begin{pmatrix} 1\times3+4\times5+1\times6 \\ 4\times3+2\times5+1\times6 \end{pmatrix} = \begin{pmatrix} 29 \\ 28 \end{pmatrix}$$

$$\begin{pmatrix} 3 & 1 \\ 4 & 9 \end{pmatrix} \begin{pmatrix} 2 & 6 & 0 \\ 8 & 5 & 7 \end{pmatrix} = \begin{pmatrix} 3\times2+1\times8 & 3\times6+1\times5 & 3\times0+1\times7 \\ 4\times2+9\times8 & 4\times6+9\times5 & 4\times0+9\times7 \end{pmatrix}$$

$$= \begin{pmatrix} 14 & 23 & 7 \\ 80 & 69 & 63 \end{pmatrix}$$

(注)　A の列の数と B の行の数が一致しないとき，積 AB は考えない．

単位行列について，次が成り立つ．ただし，積は意味をもつとする．

任意の行列 A について　$AE = A,\ EA = A$　(3)

例 3　2×3 行列 $A = (a_{ij})$ について

$$AE = \begin{pmatrix} a_{11} & a_{12} & a_{13} \\ a_{21} & a_{22} & a_{23} \end{pmatrix} \begin{pmatrix} 1 & 0 & 0 \\ 0 & 1 & 0 \\ 0 & 0 & 1 \end{pmatrix} = \begin{pmatrix} a_{11} & a_{12} & a_{13} \\ a_{21} & a_{22} & a_{23} \end{pmatrix} = A$$

$$EA = \begin{pmatrix} 1 & 0 \\ 0 & 1 \end{pmatrix} \begin{pmatrix} a_{11} & a_{12} & a_{13} \\ a_{21} & a_{22} & a_{23} \end{pmatrix} = \begin{pmatrix} a_{11} & a_{12} & a_{13} \\ a_{21} & a_{22} & a_{23} \end{pmatrix} = A$$

行列の積について，次の演算法則が成り立つ．

行列の積の性質

$A,\ B,\ C$ は，次の和および積が意味をもつ任意の行列とし，λ を任意のスカラーとするとき

(Ⅰ)　$\lambda(AB) = (\lambda A)B = A(\lambda B)$

(Ⅱ)　$(AB)C = A(BC)$　(結合法則)

(Ⅲ)　$A(B + C) = AB + AC$
　　　$(A + B)C = AC + BC$　(分配法則)

(注 1)　交換法則 $AB = BA$ は一般には成立しない．

例 4　$\begin{pmatrix} 3 & -6 \\ -4 & 8 \end{pmatrix} \begin{pmatrix} 4 & 6 \\ 2 & 3 \end{pmatrix} = \begin{pmatrix} 12-12 & 18-18 \\ -16+16 & -24+24 \end{pmatrix} = \begin{pmatrix} 0 & 0 \\ 0 & 0 \end{pmatrix}$

$$\begin{pmatrix} 4 & 6 \\ 2 & 3 \end{pmatrix} \begin{pmatrix} 3 & -6 \\ -4 & 8 \end{pmatrix} = \begin{pmatrix} 12-24 & -24+48 \\ 6-12 & -12+24 \end{pmatrix} = \begin{pmatrix} -12 & 24 \\ -6 & 12 \end{pmatrix}$$

(注 2)　$A \neq O,\ B \neq O,\ AB = O$ となる $A,\ B$ を**零因子**という．

行列 A の累乗も数の場合と同様に定める．特に，$A^0 = E$ とする．

§4 連立1次方程式と消去法

連立1次方程式は，行列を用いて表される．例えば

$$\begin{cases} 2x + \ \ y - 5z = -1 \\ \ \ x - \ \ y + \ \ z = \ \ 0 \\ 3x - 6y + 2z = -7 \end{cases} \tag{1}$$

について

$$A = \begin{pmatrix} 2 & 1 & -5 \\ 1 & -1 & 1 \\ 3 & -6 & 2 \end{pmatrix}, \quad \boldsymbol{x} = \begin{pmatrix} x \\ y \\ z \end{pmatrix}, \quad \boldsymbol{b} = \begin{pmatrix} -1 \\ 0 \\ -7 \end{pmatrix}$$

とおくと，(1) は次のように表すことができる．

$$A\boldsymbol{x} = \boldsymbol{b} \tag{2}$$

A を (1) の**係数行列**といい，A と $\boldsymbol{b}$ を並べた行列

$$(A \ \ \boldsymbol{b}) = \begin{pmatrix} 2 & 1 & -5 & -1 \\ 1 & -1 & 1 & 0 \\ 3 & -6 & 2 & -7 \end{pmatrix} \tag{3}$$

を (1) の**拡大係数行列**という．(3) は連立1次方程式の左辺の係数と右辺の値をすべて並べたもので，連立1次方程式自体を表しているといってよい．

拡大係数行列に**行基本変形**と呼ばれる次の3つの操作を施す．

(Ⅰ)　1つの行に0でない数を掛ける．

(Ⅱ)　1つの行にある数を掛けたものを他の行に加える（減ずる）．

(Ⅲ)　2つの行を入れ換える．

行基本変形を施しても，連立1次方程式の解は変わらない．**消去法**は，行基本変形を繰り返し用いることにより，係数行列の部分をできるだけ簡単にすることで解を求める方法である．

例えば，方程式 (1) の拡大係数行列 (3) を変形すると

$$\begin{pmatrix} 2 & 1 & -5 & -1 \\ 1 & -1 & 1 & 0 \\ 3 & -6 & 2 & -7 \end{pmatrix} \xrightarrow[\text{1 行と 2 行}]{\text{(III)}} \begin{pmatrix} 1 & -1 & 1 & 0 \\ 2 & 1 & -5 & -1 \\ 3 & -6 & 2 & -7 \end{pmatrix}$$

$$\xrightarrow[\substack{\text{2 行} - \text{1 行} \times 2 \\ \text{3 行} - \text{1 行} \times 3}]{\text{(II)}} \begin{pmatrix} 1 & -1 & 1 & 0 \\ 0 & 3 & -7 & -1 \\ 0 & -3 & -1 & -7 \end{pmatrix} \xrightarrow[\text{3 行} + \text{2 行} \times 1]{\text{(II)}}$$

$$\begin{pmatrix} 1 & -1 & 1 & 0 \\ 0 & 3 & -7 & -1 \\ 0 & 0 & -8 & -8 \end{pmatrix} \xrightarrow[\text{2 行} \times \frac{1}{3},\ \text{3 行} \times \left(-\frac{1}{8}\right)]{\text{(I)}} \begin{pmatrix} 1 & -1 & 1 & 0 \\ 0 & 1 & -\frac{7}{3} & -\frac{1}{3} \\ 0 & 0 & 1 & 1 \end{pmatrix}$$

これを方程式に戻すと

$$\begin{cases} x - y + \quad z = \quad 0 \\ \qquad y - \dfrac{7}{3}z = -\dfrac{1}{3} \\ \qquad\qquad z = \quad 1 \end{cases}$$

第 3 式の $z = 1$ を第 2 式に代入して $y = 2$，さらに第 1 式に代入して $x = 1$ が得られる．

（注） 最終の行列は，0 でない成分が階段状に並び，その下側がすべて 0 の形である．このような行列を**階段行列**という．

消去法は解が無数にある場合や解が存在しない場合でも有用である．

例 5 次の (1), (2) において，左側の拡大係数行列は右側の階段行列に変形される．

$$(1) \quad \begin{pmatrix} 1 & 0 & 3 & 1 \\ 2 & 3 & 4 & 3 \\ 1 & 3 & 1 & 2 \end{pmatrix} \longrightarrow \begin{pmatrix} 1 & 0 & 3 & 1 \\ 0 & 3 & -2 & 1 \\ 0 & 0 & 0 & 0 \end{pmatrix}$$

方程式は $\begin{cases} x \quad\quad + 3z = 1 \\ \quad\quad 3y - 2z = 1 \end{cases}$

$z = t$ とおくと　$x = -3t + 1,\ y = \dfrac{2}{3}t + \dfrac{1}{3}$

t は任意の値をとることができるから，解は無数にある．

(2) $\begin{pmatrix} 1 & 0 & 3 & 1 \\ 2 & 3 & 4 & 3 \\ 1 & 3 & 1 & 3 \end{pmatrix} \longrightarrow \begin{pmatrix} 1 & 0 & 3 & 1 \\ 0 & 3 & -2 & 1 \\ 0 & 0 & 0 & 1 \end{pmatrix}$

方程式は $\begin{cases} x \quad\quad + 3z = 1 \\ \quad\quad 3y - 2z = 1 \\ 0x + 0y + 0z = 1 \end{cases}$

第3式は成り立つことがなく，したがって，解は存在しない．

一般に，行列 A に対して消去法を行い，階段行列まで変形する．変形の方法はいろいろあるから，階段行列も1通りとは限らないが，0でない成分が1つ以上ある行の個数は，一意に定まる（証明は77ページ）．

この数を行列 A の**階数**といい，$\operatorname{rank} A$ と書く．特に，零行列 O については，$\operatorname{rank} O = 0$ と定める．

例6　次の行列 A の階数を求める．

$$A = \begin{pmatrix} 2 & 2 & 5 \\ 1 & 3 & 4 \\ 0 & 4 & 3 \end{pmatrix} \xrightarrow[\text{入れ換え}]{\text{1行と2行}} \begin{pmatrix} 1 & 3 & 4 \\ 2 & 2 & 5 \\ 0 & 4 & 3 \end{pmatrix}$$

$$\xrightarrow{\text{2行}-\text{1行}\times 2} \begin{pmatrix} 1 & 3 & 4 \\ 0 & -4 & -3 \\ 0 & 4 & 3 \end{pmatrix} \longrightarrow \begin{pmatrix} 1 & 3 & 4 \\ 0 & -4 & -3 \\ 0 & 0 & 0 \end{pmatrix}$$

0でない成分が1つ以上ある行の個数は2となるから　$\operatorname{rank} A = 2$

§5 逆行列

n 次の正方行列 A と n 次の単位行列 E に対して

$$AX = E,\ XA = E \tag{1}$$

を同時に満たす正方行列 X があるとき，この X を A の**逆行列**という．

もし，Y も (1) と同じ等式を満たすとすると

$$X = XE = X(AY) = (XA)Y = EY = Y$$

となるから，A の逆行列は存在すれば一通りに定まる．これを A^{-1} で表す．

A の逆行列 A^{-1} が存在するとき，A は**正則**であるという．

消去法を用いて逆行列を求める方法がある．

例 7　$A = \begin{pmatrix} 1 & -2 & 0 \\ 1 & 1 & -1 \\ -5 & 5 & 2 \end{pmatrix}$

$AX = E$ より，X および E の列ベクトルをそれぞれ $\boldsymbol{x}_1$，$\boldsymbol{x}_2$，$\boldsymbol{x}_3$ および $\boldsymbol{e}_1$，$\boldsymbol{e}_2$，$\boldsymbol{e}_3$ とおいて，連立方程式 $A\boldsymbol{x}_1 = \boldsymbol{e}_1$, $A\boldsymbol{x}_2 = \boldsymbol{e}_2$, $A\boldsymbol{x}_3 = \boldsymbol{e}_3$ を解く．ただし，係数行列は同じであるから，A と E を並べて消去法を行う．

$$(A\ \ E) = \begin{pmatrix} 1 & -2 & 0 & 1 & 0 & 0 \\ 1 & 1 & -1 & 0 & 1 & 0 \\ -5 & 5 & 2 & 0 & 0 & 1 \end{pmatrix}$$

$$\xrightarrow[\text{3 行} +1\text{ 行} \times 5]{\text{2 行} -1\text{ 行} \times 1} \begin{pmatrix} 1 & -2 & 0 & 1 & 0 & 0 \\ 0 & 3 & -1 & -1 & 1 & 0 \\ 0 & -5 & 2 & 5 & 0 & 1 \end{pmatrix}$$

$$\xrightarrow{\text{2 行} \times \frac{1}{3}} \begin{pmatrix} 1 & -2 & 0 & 1 & 0 & 0 \\ 0 & 1 & -\frac{1}{3} & -\frac{1}{3} & \frac{1}{3} & 0 \\ 0 & -5 & 2 & 5 & 0 & 1 \end{pmatrix}$$

$$\xrightarrow{3\text{行}+2\text{行}\times 5}\begin{pmatrix} 1 & -2 & 0 & 1 & 0 & 0 \\ 0 & 1 & -\frac{1}{3} & -\frac{1}{3} & \frac{1}{3} & 0 \\ 0 & 0 & \frac{1}{3} & \frac{10}{3} & \frac{5}{3} & 1 \end{pmatrix}$$

$$\xrightarrow{3\text{行}\times 3}\begin{pmatrix} 1 & -2 & 0 & 1 & 0 & 0 \\ 0 & 1 & -\frac{1}{3} & -\frac{1}{3} & \frac{1}{3} & 0 \\ 0 & 0 & 1 & 10 & 5 & 3 \end{pmatrix}$$

$$\xrightarrow{2\text{行}+3\text{行}\times\frac{1}{3}}\begin{pmatrix} 1 & -2 & 0 & 1 & 0 & 0 \\ 0 & 1 & 0 & 3 & 2 & 1 \\ 0 & 0 & 1 & 10 & 5 & 3 \end{pmatrix}$$

$$\xrightarrow{1\text{行}+2\text{行}\times 2}\begin{pmatrix} 1 & 0 & 0 & 7 & 4 & 2 \\ 0 & 1 & 0 & 3 & 2 & 1 \\ 0 & 0 & 1 & 10 & 5 & 3 \end{pmatrix}$$

$$\boldsymbol{x}_1 = \begin{pmatrix} 7 \\ 3 \\ 10 \end{pmatrix},\ \boldsymbol{x}_2 = \begin{pmatrix} 4 \\ 2 \\ 5 \end{pmatrix},\ \boldsymbol{x}_3 = \begin{pmatrix} 2 \\ 1 \\ 3 \end{pmatrix}$$ となるから

$$A^{-1} = \begin{pmatrix} 7 & 4 & 2 \\ 3 & 2 & 1 \\ 10 & 5 & 3 \end{pmatrix}$$

（注）　$AX = E$ から X を求めたが，この X は $XA = E$ も満たしている．

正方行列 A は正則とする．このとき，A を係数行列とする連立1次方程式 $A\boldsymbol{x} = \boldsymbol{b}$ の両辺に左から A^{-1} を掛けると

$$A^{-1}A\boldsymbol{x} = A^{-1}\boldsymbol{b} \quad \text{すなわち} \quad \boldsymbol{x} = A^{-1}\boldsymbol{b}$$

したがって，連立1次方程式の解は $\boldsymbol{x} = A^{-1}\boldsymbol{b}$ により求められる．

§6 行列式

2 次または 3 次の行列 A の**行列式** $|A|$ を次のように定める.

$$\begin{vmatrix} a_{11} & a_{12} \\ a_{21} & a_{22} \end{vmatrix} = a_{11}a_{22} - a_{12}a_{21}$$

$$\begin{vmatrix} a_{11} & a_{12} & a_{13} \\ a_{21} & a_{22} & a_{23} \\ a_{31} & a_{32} & a_{33} \end{vmatrix} = a_{11}a_{22}a_{33} + a_{12}a_{23}a_{31} + a_{13}a_{21}a_{32} - a_{11}a_{23}a_{32} - a_{12}a_{21}a_{33} - a_{13}a_{22}a_{31} \tag{1}$$

一般の n 次の行列式は, 次のように定義される.

n 個の異なる正の整数からなる順列 $P = (p_1,\ p_2,\ \cdots,\ p_n)$ について, 各 p_j より前にあって p_j より大きい数の個数を求め, すべての j について加えたものを**転倒数**という.

例 8　順列 (3, 1, 4, 2) の転倒数は, $0+1+0+2=3$ である.

順列 $P = (p_1,\ p_2,\ \cdots,\ p_n)$ について

$$\varepsilon_P = \begin{cases} +1 & (P \text{ の転倒数が偶数のとき}) \\ -1 & (P \text{ の転倒数が奇数のとき}) \end{cases}$$

とおき, n 次の正方行列 $A = (a_{ij})$ の行列式 $|A|$ を次のように定義する.

$$|\boldsymbol{A}| = \sum \varepsilon_P \boldsymbol{a}_{1p_1} \boldsymbol{a}_{2p_2} \cdots \boldsymbol{a}_{np_n} \tag{2}$$

ここで, $\sum$ は, $1, 2, \cdots, n$ のすべての順列 $P = (p_1,\ p_2,\ \cdots,\ p_n)$ についての和をとることを意味する.

(注)　ε_P は, 順列 P の中の 2 つの数を交換する操作を施して, 転倒数が 0 の順列に変形する操作の回数によっても同様に定義される.

例 9　3 次の行列式について, 列番号からなる 3 つの数の順列は

(1, 2, 3), (2, 3, 1), (3, 1, 2), (1, 3, 2), (2, 1, 3), (3, 2, 1)

転倒数は, 0, 2, 2, 1, 1, 3 となるから, (1) の定義式が求められる.

行列式の定義式から以下の性質が得られる．

行列式の性質

(Ｉ)　1つの行の各成分が2数の和として表されているとき，この行列式は2つの行列式の和として表すことができる．

(II)　1つの行のすべての成分に共通な因数は，行列式の因数としてくくり出すことができる．

(III)　2つの行を交換すると行列式の符号が変わる．

(IV)　2つの行が等しい行列式の値は0である．

(Ｖ)　1つの行の各成分に同一の数を掛けて他の行に加えても，行列式の値は変わらない．

(注)　次の等式はよく用いられる．

$$\begin{vmatrix} a_{11} & a_{12} & \cdots & a_{1n} \\ 0 & a_{22} & \cdots & a_{2n} \\ \vdots & \vdots & \ddots & \vdots \\ 0 & a_{n2} & \cdots & a_{nn} \end{vmatrix} = a_{11} \begin{vmatrix} a_{22} & \cdots & a_{2n} \\ \vdots & \ddots & \vdots \\ a_{n2} & \cdots & a_{nn} \end{vmatrix} \tag{3}$$

(3) より，$|E| = 1$ であることがわかる．

例 10

$$\begin{vmatrix} 3 & 2 & 4 & 1 \\ 1 & 1 & 3 & 2 \\ 2 & 2 & 3 & -1 \\ -2 & 1 & -2 & 1 \end{vmatrix} \overset{\text{(III)}}{\underset{\text{1行と2行}}{=\!=}} - \begin{vmatrix} 1 & 1 & 3 & 2 \\ 3 & 2 & 4 & 1 \\ 2 & 2 & 3 & -1 \\ -2 & 1 & -2 & 1 \end{vmatrix}$$

$$\overset{\text{(V)}}{\underset{\substack{\text{2行}-\text{1行}\times 3 \\ \text{3行}-\text{1行}\times 2 \\ \text{4行}+\text{1行}\times 2}}{=\!=\!=}} - \begin{vmatrix} 1 & 1 & 3 & 2 \\ 0 & -1 & -5 & -5 \\ 0 & 0 & -3 & -5 \\ 0 & 3 & 4 & 5 \end{vmatrix} \overset{(3)}{=\!=} - \begin{vmatrix} -1 & -5 & -5 \\ 0 & -3 & -5 \\ 3 & 4 & 5 \end{vmatrix} = -25$$

$m \times n$ 行列 A に対して，その行と列を入れ換えてできる $n \times m$ 行列を A の**転置行列**といい，${}^tA$ で表す．例えば

$$A = \begin{pmatrix} a_{11} & a_{12} & a_{13} \\ a_{21} & a_{22} & a_{23} \\ a_{31} & a_{32} & a_{33} \end{pmatrix} \text{ のとき } {}^tA = \begin{pmatrix} a_{11} & a_{21} & a_{31} \\ a_{12} & a_{22} & a_{32} \\ a_{13} & a_{23} & a_{33} \end{pmatrix}$$

${}^tA = A$ を満たす正方行列 A を**対称行列**，${}^tA = -A$ を満たす正方行列 A を**交代行列**という．対角行列は対称行列である．

転置行列およびその行列式について，次の性質が成り立つ．

転置行列の性質

行列 A, B とスカラー λ について

(1) ${}^t({}^tA) = A$

(2) ${}^t(\lambda A) = \lambda\, {}^tA,\ {}^t(A+B) = {}^tA + {}^tB,\ {}^t(AB) = {}^tB\, {}^tA$

(3) A が正方行列のとき $|{}^tA| = |A|$

ただし，(2) においては，和 $A+B$，積 AB が意味をもつとする．

行列 A の列には転置行列 ${}^tA$ の行が対応しているから，上の性質 (3) より，行列式の性質における「行」はすべて「列」に置き換えても成り立つ．例えば，行列式の性質の (III) は列について次のようになる．

(III)′ 2 つの列を交換すると行列式の符号が変わる．

n 次の正方行列の積について，次が成り立つ．

行列の積の行列式

A, B を n 次の正方行列とするとき

$$|AB| = |A||B|$$

例 11 A が正則のとき，$|A||A^{-1}| = |AA^{-1}| = |E| = 1$ より $|A^{-1}| = \dfrac{1}{|A|}$

n 次の行列式 $|A|$ の第 i 行と第 j 列を取り除いてできる $n-1$ 次の行列式を $(i,\ j)$ 成分の**小行列式** といい，D_{ij} と書く．

行列式を小行列式により計算する方法（**行列式の展開**）がある．

行列式の展開

n 次の行列式 $|A|$ の $(i,\ j)$ 成分 a_{ij} の小行列式を D_{ij} とおくと

$$|A| = (-1)^{i+1}a_{i1}D_{i1} + (-1)^{i+2}a_{i2}D_{i2} + \cdots\cdots + (-1)^{i+n}a_{in}D_{in}$$

（第 i 行に関する展開）

$$= (-1)^{1+j}a_{1j}D_{1j} + (-1)^{2+j}a_{2j}D_{2j} + \cdots\cdots + (-1)^{n+j}a_{nj}D_{nj}$$

（第 j 列に関する展開）

例えば，3 次の正方行列 A について

$$\widetilde{A} = \left((-1)^{i+j}D_{ji}\right) = \begin{pmatrix} D_{11} & -D_{21} & D_{31} \\ -D_{12} & D_{22} & -D_{32} \\ D_{13} & -D_{23} & D_{33} \end{pmatrix}$$

とおく．すなわち，$\widetilde{A}$ は，小行列式を転置して並べ，交互に符号を変えて得られる．これを A の**余因子行列**といい，$\widetilde{A}$ の各成分を**余因子**という．

行列式の展開により，余因子行列について次の性質が得られる．

余因子行列の性質

$$A\widetilde{A} = \widetilde{A}A = |A|\,E \qquad (4)$$

$|A| \neq 0$ のとき，(4) より，A は正則で逆行列 A^{-1} は次のようになる．

$$A\left(\frac{1}{|A|}\widetilde{A}\right) = \left(\frac{1}{|A|}\widetilde{A}\right)A = E \quad \text{すなわち} \quad A^{-1} = \frac{1}{|A|}\widetilde{A} \qquad (5)$$

例 12　2 次の正方行列 $A = (a_{ij})$ について，$|A| \neq 0$ のとき

$$A^{-1} = \frac{1}{|A|}\begin{pmatrix} D_{11} & -D_{21} \\ -D_{12} & D_{22} \end{pmatrix} = \frac{1}{a_{11}a_{22} - a_{12}a_{21}}\begin{pmatrix} a_{22} & -a_{12} \\ -a_{21} & a_{11} \end{pmatrix} \qquad (6)$$

§7 行列の正則性

n 次正方行列 A が正則であるとは，次の等式を満たす逆行列 A^{-1} が存在することであった．

$$AA^{-1} = A^{-1}A = E$$

ここでは，A が正則であるためのいくつかの条件をまとめておく．

まず，15 ページの例 11 より，A が正則であれば，$|A| \neq 0$ であり，16 ページの (5) より，$|A| \neq 0$ であれば，A が正則である．すなわち

$$A \text{ が正則} \iff |A| \neq 0 \qquad (1)$$

次に，11 ページの方法で $(A \ \ E)$ に消去法を行ったとき，$\mathrm{rank}\, A = n$ の場合は，A の部分を単位行列 E にすることができるから，A は正則である．また，$\mathrm{rank}\, A < n$ の場合は，A の部分の最後の行の成分はすべて 0 となり，$\mathrm{rank}\, E = n$ より，E の部分の最後の行の成分がすべて 0 になることはないから，A は正則でない．これから，以下のことが成り立つ．

$$A \text{ が正則} \iff \mathrm{rank}\, A = n \qquad (2)$$

右辺が $\boldsymbol{o}$ の連立 1 次方程式 $A\boldsymbol{x} = \boldsymbol{o}$ と正則性との関係を調べよう．

$A\boldsymbol{x} = \boldsymbol{o}$ の左辺に $\boldsymbol{x} = \boldsymbol{o}$ を代入すると $\boldsymbol{o}$ になるから，$\boldsymbol{x} = \boldsymbol{o}$ は明らかに $A\boldsymbol{x} = \boldsymbol{o}$ の解であることに注意する．

まず，A が正則の場合は，$A\boldsymbol{x} = \boldsymbol{o}$ の両辺に左から A^{-1} を掛けると

$$A^{-1}A\boldsymbol{x} = A^{-1}\boldsymbol{o} \quad \text{すなわち} \quad \boldsymbol{x} = \boldsymbol{o}$$

となるから，$\boldsymbol{o}$ 以外の解はない．すなわち，解は $\boldsymbol{o}$ だけである．

また，A が正則でない場合は，$\mathrm{rank}\, A < n$ であり，拡大係数行列 $(A \ \ \boldsymbol{o})$ に消去法を行うと，最後の行の成分はすべて 0 となるから，解は無数に存在することになる．これらのことから，次の関係が成り立つ．

$$A \text{ が正則} \iff \text{方程式 } A\boldsymbol{x} = \boldsymbol{o} \text{ の解は } \boldsymbol{o} \text{ だけである} \qquad (3)$$

(1), (2), (3) をまとめて，次の正則性の条件が得られる．

正則性の条件

$$n\text{ 次正方行列 }A\text{ が正則} \iff |A| \neq 0$$
$$\iff \operatorname{rank} A = n$$
$$\iff \text{方程式 } A\boldsymbol{x} = \boldsymbol{o} \text{ の解は } \boldsymbol{o} \text{ だけである}$$

(注1)　A が正則のとき，方程式 $A\boldsymbol{x} = \boldsymbol{b}$ の解は，**クラメルの公式**

$$x_1 = \frac{\Delta_1}{|A|},\ x_2 = \frac{\Delta_2}{|A|},\ \cdots,\ x_n = \frac{\Delta_n}{|A|}$$

で求められる．ただし，Δ_j は行列式 $|A|$ の第 j 列を $\boldsymbol{b}$ で置き換えて得られる行列式である．

§8　ベクトルの線形独立・線形従属

2つのベクトル $\boldsymbol{a}$, $\boldsymbol{b}$ がいずれも $\boldsymbol{o}$ でなく，平行でもないとき，$\boldsymbol{a}$, $\boldsymbol{b}$ は**線形独立**といい，そうでないとき，**線形従属**という．

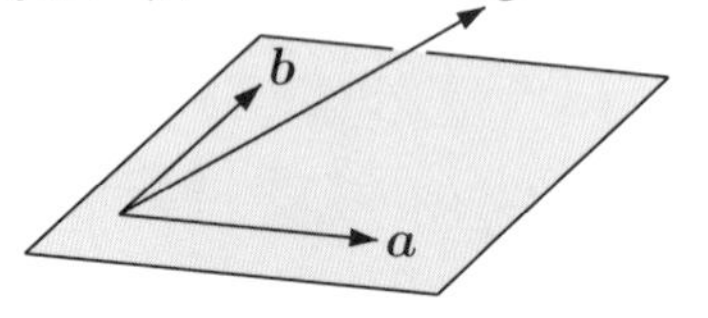

3つのベクトル $\boldsymbol{a}$, $\boldsymbol{b}$, $\boldsymbol{c}$ については，すべてが $\boldsymbol{o}$ でなく，1つの平面に平行になることはないとき，$\boldsymbol{a}$, $\boldsymbol{b}$, $\boldsymbol{c}$ は線形独立という．

例えば，$\boldsymbol{a}$, $\boldsymbol{b}$, $\boldsymbol{c}$ が線形独立であることは，それらの**線形結合** $\lambda\boldsymbol{a}+\mu\boldsymbol{b}+\nu\boldsymbol{c}$ を用いて，次のように言い換えることもできる．

線形独立

$\boldsymbol{a}$, $\boldsymbol{b}$, $\boldsymbol{c}$ が線形独立であることと，次が成り立つことは同値である．

$$\lambda\boldsymbol{a} + \mu\boldsymbol{b} + \nu\boldsymbol{c} = \boldsymbol{o} \iff \lambda = 0,\ \mu = 0,\ \nu = 0 \tag{1}$$

(注2)　$\boldsymbol{a}$, $\boldsymbol{b}$, $\boldsymbol{c}$ が線形独立のとき，これらの線形結合 $\lambda\boldsymbol{a} + \mu\boldsymbol{b} + \nu\boldsymbol{c}$ の係数 λ, μ, ν は一意に定まる．すなわち，次の関係が成り立つ．

$$\lambda\boldsymbol{a} + \mu\boldsymbol{b} + \nu\boldsymbol{c} = \lambda'\boldsymbol{a} + \mu'\boldsymbol{b} + \nu'\boldsymbol{c} \iff \lambda = \lambda',\ \mu = \mu',\ \nu = \nu'$$

§9 集合

ある条件を満たすもの全体の集まりを**集合**といい，集合を構成している1つ1つをその集合の**要素**という．集合はその要素を書き並べて表すが，要素を定める**条件** $C(x)$ を用いて，$\{x \mid C(x)\}$ のように書くこともある．

実数全体からなる集合を $\boldsymbol{R}$ と書く．また，平面のベクトル全体，空間のベクトル全体からなる集合をそれぞれ $\boldsymbol{R}^2$，$\boldsymbol{R}^3$ と書くことにする．

a が集合 A の要素のとき，a は A に**属する**といい，次のように書く．

$$a \in A \quad \text{または} \quad A \ni a$$

例 13　平面の単位ベクトル全体は次のように表される．

$$\{\boldsymbol{x} \mid \boldsymbol{x} \in \boldsymbol{R}^2,\ |\boldsymbol{x}| = 1\} \quad \text{または} \quad \{\boldsymbol{x} \in \boldsymbol{R}^2 \mid |\boldsymbol{x}| = 1\}$$

集合 A と集合 B の要素がすべて一致するとき，A と B は**等しい**といい，$A = B$ と書く．また，A の要素がすべて B の要素になっているとき，A は B に**含まれる**，または B は A を**含む**といい

$$A \subset B \quad \text{または} \quad B \supset A$$

と書く．また，A を B の**部分集合**という．

A

B

$A \subset B$

集合 A，B に共通な要素の集合を A と B の**共通部分**といい，$A \cap B$ で表す．また，A，B の少なくとも一方に属する要素の集合を A と B の**和集合**といい，$A \cup B$ で表す．

要素が1つもない集合を**空集合**といい，ϕ で表す．

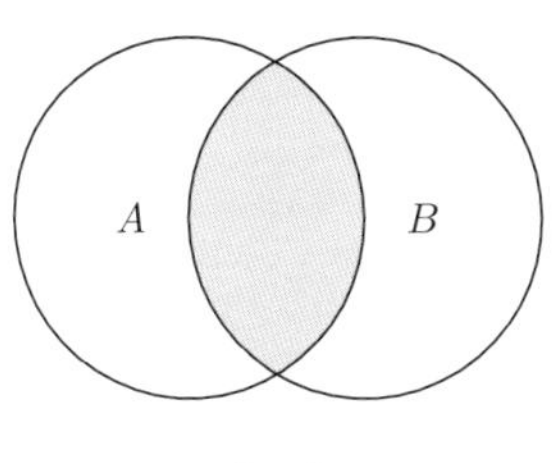

$A \cap B$

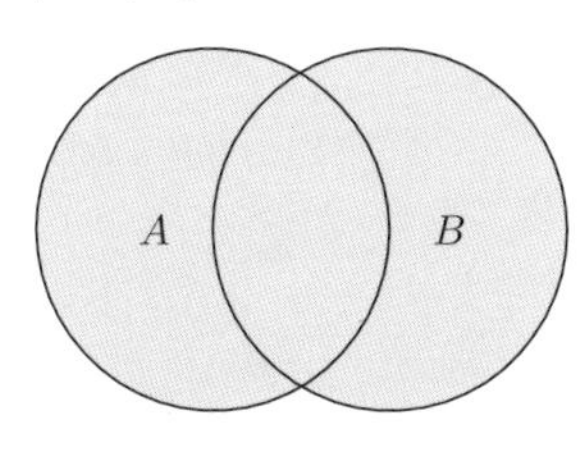

$A \cup B$

練習問題

1.　4点 A(1, 2, −1), B(2, 5, 1), C(4, 3, 2), D(x, y, z) について，$\overrightarrow{\mathrm{AB}} = \overrightarrow{\mathrm{CD}}$ が成り立つとき，x, y, z の値を求めよ．

2.　$\boldsymbol{a} = \begin{pmatrix} 3 \\ 5 \\ -2 \end{pmatrix}, \boldsymbol{b} = \begin{pmatrix} -1 \\ 2 \\ -3 \end{pmatrix}, \boldsymbol{c} = \begin{pmatrix} 2 \\ -1 \\ 1 \end{pmatrix}$ のとき，次のベクトルの成分表示と大きさを求めよ．

(1)　$\boldsymbol{a} - 2\boldsymbol{b} - 3\boldsymbol{c}$　　　(2)　$2(\boldsymbol{a} - 3\boldsymbol{b}) - (\boldsymbol{c} - 3\boldsymbol{b})$

3.　$\boldsymbol{a} = \begin{pmatrix} -1 \\ 2 \\ 1 \end{pmatrix}, \boldsymbol{b} = \begin{pmatrix} 2 \\ -1 \\ -2 \end{pmatrix}$ のとき，次の等式を満たす $\boldsymbol{x}$ の成分表示を求めよ．

$$2(\boldsymbol{a} - 2\boldsymbol{x}) + 3(2\boldsymbol{x} - 3\boldsymbol{b}) = \boldsymbol{a} - (\boldsymbol{x} + 5\boldsymbol{b})$$

4.　$|\boldsymbol{a}| = 3$, $|\boldsymbol{b}| = 2$ で，$\boldsymbol{a}$ と $\boldsymbol{b}$ のなす角が $\frac{\pi}{3}$ のとき，次の値を求めよ．

(1)　$(2\boldsymbol{a} - \boldsymbol{b}) \cdot (\boldsymbol{a} + \boldsymbol{b})$　　　(2)　$|\boldsymbol{a} - 3\boldsymbol{b}|^2$

5.　$\boldsymbol{a} = \begin{pmatrix} 1 \\ -1 \\ 0 \end{pmatrix}, \boldsymbol{b} = \begin{pmatrix} -2 \\ 1 \\ 2 \end{pmatrix}$ のなす角を求めよ．

6.　$\boldsymbol{a} = \begin{pmatrix} 1 \\ 2 \\ -1 \end{pmatrix}, \boldsymbol{b} = \begin{pmatrix} 2 \\ 3 \\ 5 \end{pmatrix}$ について，$\boldsymbol{a}$ と $k\boldsymbol{a} + \boldsymbol{b}$ が直交するように定数 k の値を定めよ．

7. $A = \begin{pmatrix} 1 & 2 & -2 \\ 3 & 1 & 6 \end{pmatrix}$, $B = \begin{pmatrix} 2 & -3 & 1 \\ 1 & -2 & -1 \end{pmatrix}$ のとき，次の等式を満たす行列 X を求めよ．

(1) $2A + 3X = 5B$　　(2) $3A - B + X = 2(X + B)$

8. 次の行列の積を求めよ．

(1) $\begin{pmatrix} -4 & 2 & -2 \\ 5 & 1 & 6 \end{pmatrix}\begin{pmatrix} 2 & 3 \\ 1 & -2 \\ 3 & 4 \end{pmatrix}$　　(2) $\begin{pmatrix} -1 & 2 & 1 \\ 5 & 1 & 3 \\ 2 & 3 & 1 \end{pmatrix}\begin{pmatrix} 2 & 3 & 1 \\ 1 & -2 & 2 \\ 3 & 4 & 3 \end{pmatrix}$

9. $A = \begin{pmatrix} 1 & 2 \\ 3 & 4 \end{pmatrix}$, $B = \begin{pmatrix} 4 & 3 \\ 2 & 1 \end{pmatrix}$ のとき，AB, BA を計算せよ．

10. 次の連立 1 次方程式を消去法によって解け．

(1) $\begin{cases} 2x + y + z = 2 \\ x + 2y - z = 1 \\ x - y + 2z = 2 \end{cases}$　　(2) $\begin{cases} x + y + z + w = 0 \\ x - 2y + z - 3w = 0 \\ 2x - y + 2z - 2w = 0 \\ x + 4y + z + 5w = 0 \end{cases}$

11. 次の行列の階数を求めよ．

(1) $\begin{pmatrix} 1 & 2 & 3 \\ 2 & 1 & 1 \\ -1 & -1 & 2 \end{pmatrix}$　　(2) $\begin{pmatrix} 1 & 1 & 2 & 1 \\ 1 & -1 & 2 & 1 \\ 2 & 3 & 1 & 1 \\ 2 & 0 & 4 & 2 \end{pmatrix}$

12. 次の行列の逆行列を求めよ．

(1) $\begin{pmatrix} -2 & 3 \\ 3 & -4 \end{pmatrix}$　　(2) $\begin{pmatrix} 1 & 2 & 3 \\ 0 & 1 & 0 \\ 1 & 4 & 2 \end{pmatrix}$

13. 次の連立1次方程式を逆行列を用いて解け．

(1) $\begin{cases} x-2y = -3 \\ x+y-z = 4 \\ 2x-2y-z = -1 \end{cases}$　　(2) $\begin{cases} x-2y = 7 \\ x+y-z = -4 \\ 2x-2y-z = 5 \end{cases}$

14. 次の行列式の値を求めよ．

(1) $\begin{vmatrix} 4 & -5 & 6 \\ 7 & 2 & 1 \\ 8 & 9 & -3 \end{vmatrix}$　　(2) $\begin{vmatrix} 1 & -1 & 1 & -1 \\ 1 & 2 & 3 & 4 \\ -3 & 5 & -7 & 1 \\ 1 & 5 & 2 & 4 \end{vmatrix}$

15. 次の行列式を因数分解せよ．

(1) $\begin{vmatrix} 1 & 1 & 1 \\ a & b & c \\ a^2 & b^2 & c^2 \end{vmatrix}$　　(2) $\begin{vmatrix} a & b & b \\ b & a & b \\ b & b & a \end{vmatrix}$

16. ${}^tAA = E$ を満たす正方行列を直交行列という．A が直交行列であるとき，$|A| = \pm 1$ となることを証明せよ．

17. 余因子行列を用いて，次の行列の逆行列を求めよ．

(1) $\begin{pmatrix} 2 & 0 & 1 \\ 0 & 1 & 0 \\ 1 & 0 & 2 \end{pmatrix}$　　(2) $\begin{pmatrix} 1 & -2 & 1 \\ 2 & 1 & 3 \\ 1 & -1 & 1 \end{pmatrix}$

18. ベクトル $\boldsymbol{c}$ が2つのベクトル $\boldsymbol{a}$, $\boldsymbol{b}$ の線形結合で表されるとき，$\boldsymbol{a}$, $\boldsymbol{b}$, $\boldsymbol{c}$ は線形従属であることを証明せよ．

2章 数ベクトル空間

平面または空間のベクトルは，成分表示によって次のように表された．

$$\boldsymbol{a} = \begin{pmatrix} a_1 \\ a_2 \end{pmatrix} \quad \text{または} \quad \boldsymbol{a} = \begin{pmatrix} a_1 \\ a_2 \\ a_3 \end{pmatrix} \tag{1}$$

ここで，各 a_1，a_2，a_3 は，$\boldsymbol{a}$ を基本ベクトルの線形結合で表したときの係数であった．

また，平面のベクトル全体，空間のベクトル全体から成る集合はそれぞれ $\boldsymbol{R}^2$，$\boldsymbol{R}^3$ と表される．

$$\boldsymbol{R}^2 = \left\{ \begin{pmatrix} x_1 \\ x_2 \end{pmatrix} \middle| \, x_1,\ x_2 \in \boldsymbol{R} \right\}, \quad \boldsymbol{R}^3 = \left\{ \begin{pmatrix} x_1 \\ x_2 \\ x_3 \end{pmatrix} \middle| \, x_1,\ x_2,\ x_3 \in \boldsymbol{R} \right\}$$

本章では，一般の正の整数 n について，ベクトルを (1) のように n 個の数を並べた組によって定義する．これを**数ベクトル**という．数ベクトルに和とスカラー倍の演算を定め，その性質を述べることにする．その際，行列とその演算および消去法がしばしば用いられる．

§1 数ベクトル空間

n を正の整数とするとき，n 個の実数の組を **n 次元数ベクトル**という．n 次元数ベクトル全体を **n 次元数ベクトル空間**といい，$\boldsymbol{R}^n$ と書く．

$$\boldsymbol{x} = \begin{pmatrix} x_1 \\ x_2 \\ \vdots \\ x_n \end{pmatrix}, \quad \boldsymbol{R}^n = \left\{ \boldsymbol{x} = \begin{pmatrix} x_1 \\ x_2 \\ \vdots \\ x_n \end{pmatrix} \middle| \, x_1,\ x_2,\ \cdots,\ x_n \in \boldsymbol{R} \right\} \tag{1}$$

ここでは，特に必要な場合を除き，n 次元数ベクトルを単にベクトルという．また，ベクトルを行ベクトルによって

$$\boldsymbol{x} = (x_1,\ x_2,\ \cdots,\ x_n)$$

のように書くこともある．(1) において，実数 x_j $(j = 1,\ 2,\ \cdots,\ n)$ をベクトル $\boldsymbol{x}$ の**第 j 成分**という．

2つのベクトル $\boldsymbol{x}$, $\boldsymbol{y}$ の対応する成分が等しいとき，$\boldsymbol{x} = \boldsymbol{y}$ と書く．

また，すべての成分が0のベクトルを**零ベクトル**といい，$\boldsymbol{o}$ で表す．

ベクトルに対して，実数のことを**スカラー**という．

ベクトル $\boldsymbol{x}$, $\boldsymbol{y}$ とスカラー λ があるとき，**和** $\boldsymbol{x}+\boldsymbol{y}$ と**スカラー倍** $\lambda\boldsymbol{x}$ を

$$\boldsymbol{x}+\boldsymbol{y} = \begin{pmatrix} x_1 \\ x_2 \\ \vdots \\ x_n \end{pmatrix} + \begin{pmatrix} y_1 \\ y_2 \\ \vdots \\ y_n \end{pmatrix} = \begin{pmatrix} x_1 + y_1 \\ x_2 + y_2 \\ \vdots \\ x_n + y_n \end{pmatrix}$$

$$\lambda\boldsymbol{x} = \lambda\begin{pmatrix} x_1 \\ x_2 \\ \vdots \\ x_n \end{pmatrix} = \begin{pmatrix} \lambda x_1 \\ \lambda x_2 \\ \vdots \\ \lambda x_n \end{pmatrix}$$

によって定める．特に，$(-1)\boldsymbol{x}$ を $-\boldsymbol{x}$ と書く．

また，**差** $\boldsymbol{x}-\boldsymbol{y}$ を次のように定める．

$$\boldsymbol{x}-\boldsymbol{y}=\boldsymbol{x}+(-\boldsymbol{y})=\begin{pmatrix} x_1 \\ x_2 \\ \vdots \\ x_n \end{pmatrix}+\begin{pmatrix} -y_1 \\ -y_2 \\ \vdots \\ -y_n \end{pmatrix}=\begin{pmatrix} x_1-y_1 \\ x_2-y_2 \\ \vdots \\ x_n-y_n \end{pmatrix}$$

ベクトルの和とスカラー倍について，次の性質が成り立つ．

ベクトルの性質

$\boldsymbol{x}$，$\boldsymbol{y}$，$\boldsymbol{z}$ がベクトルで，λ，μ がスカラーのとき

(Ⅰ)　$\boldsymbol{x}+\boldsymbol{y}=\boldsymbol{y}+\boldsymbol{x}$

(Ⅱ)　$(\boldsymbol{x}+\boldsymbol{y})+\boldsymbol{z}=\boldsymbol{x}+(\boldsymbol{y}+\boldsymbol{z})$

(Ⅲ)　$\boldsymbol{x}+\boldsymbol{o}=\boldsymbol{x}$

(Ⅳ)　$\boldsymbol{x}+(-\boldsymbol{x})=\boldsymbol{o}$　　($-\boldsymbol{x}$ を $\boldsymbol{x}$ の**逆ベクトル**という)

(Ⅴ)　$\lambda(\mu\boldsymbol{x})=(\lambda\mu)\boldsymbol{x}$

(Ⅵ)　$(\lambda+\mu)\boldsymbol{x}=\lambda\boldsymbol{x}+\mu\boldsymbol{x}$

(Ⅶ)　$\lambda(\boldsymbol{x}+\boldsymbol{y})=\lambda\boldsymbol{x}+\lambda\boldsymbol{y}$

(Ⅷ)　$1\boldsymbol{x}=\boldsymbol{x}$

(注)　(Ⅷ) は，第5章で扱う一般のベクトルを考えるときに必要となる．

問 1　次の4次元数ベクトル $\boldsymbol{a}$，$\boldsymbol{b}$，$\boldsymbol{c}$ について，$3\boldsymbol{a}+2\boldsymbol{b}-4\boldsymbol{c}$ を求めよ．

$$\boldsymbol{a}=\begin{pmatrix} 3 \\ 1 \\ 1 \\ 2 \end{pmatrix},\ \boldsymbol{b}=\begin{pmatrix} 1 \\ 0 \\ -2 \\ 1 \end{pmatrix},\ \boldsymbol{c}=\begin{pmatrix} 2 \\ -2 \\ 0 \\ 3 \end{pmatrix}$$

§2 線形独立

空間の $\boldsymbol{o}$ でない3つのベクトル $\boldsymbol{a}$, $\boldsymbol{b}$, $\boldsymbol{c}$ が線形独立であるとは，3つのベクトルが1つの平面に平行にならないことであった．このとき

$$\lambda\boldsymbol{a}+\mu\boldsymbol{b}+\nu\boldsymbol{c}=\boldsymbol{o} \iff \lambda=\mu=\nu=0 \tag{1}$$

が成り立つ．

一方，線形従属である場合は，図のように，3つのベクトル $\boldsymbol{a}$, $\boldsymbol{b}$, $\boldsymbol{c}$ はある1つの平面に平行になる．$\boldsymbol{a}$, $\boldsymbol{b}$, $\boldsymbol{c}$ のうち少なくとも1つが $\boldsymbol{o}$ であるときは，線形従属とする．

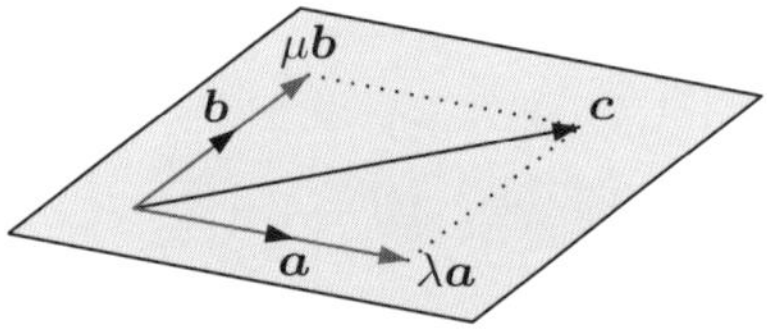

ベクトル $\boldsymbol{a}$, $\boldsymbol{b}$, $\boldsymbol{c}$ は線形従属とする．まず，右図のように，$\boldsymbol{a}$, $\boldsymbol{b}$ は零でなく，かつ平行でない場合，$\boldsymbol{c}$ は $\boldsymbol{a}$, $\boldsymbol{b}$ の線形結合で表される．

$$\boldsymbol{c}=\lambda\boldsymbol{a}+\mu\boldsymbol{b} \tag{2}$$

(2) を変形して

$$\lambda\boldsymbol{a}+\mu\boldsymbol{b}+(-1)\boldsymbol{c}=\boldsymbol{o} \tag{3}$$

すなわち，$\boldsymbol{a}$, $\boldsymbol{b}$, $\boldsymbol{c}$ の線形結合で，少なくとも1つの係数が0でないものによって，零ベクトル $\boldsymbol{o}$ を表すことができる．このことは $\boldsymbol{b}=k\boldsymbol{a}$ のときや $\boldsymbol{a}=\boldsymbol{o}$ のときも成り立つ．

$$k\,\boldsymbol{a}+(-1)\,\boldsymbol{b}+0\,\boldsymbol{c}=\boldsymbol{o} \quad \text{または} \quad 1\,\boldsymbol{a}+0\,\boldsymbol{b}+0\,\boldsymbol{c}=\boldsymbol{o} \tag{4}$$

以上の考察から，空間のベクトル $\boldsymbol{a}$, $\boldsymbol{b}$, $\boldsymbol{c}$ が線形独立であることは，(1) が成り立つことと同値であることがわかる．

一般の n 次元数ベクトルが線形独立であることを (1) によって定義する．すなわち，m 個の n 次元数ベクトル $\boldsymbol{x}_1$, $\boldsymbol{x}_2$, $\cdots$, $\boldsymbol{x}_m$ について

$$\lambda_1\boldsymbol{x}_1+\lambda_2\boldsymbol{x}_2+\cdots+\lambda_m\boldsymbol{x}_m=\boldsymbol{o} \iff \lambda_1=\lambda_2=\cdots=\lambda_m=0 \tag{5}$$

が成り立つとき，これらのベクトルは**線形独立**であるといい，そうでない

とき，**線形従属**であるという．線形従属であることは，(5) の否定として

$$\lambda_1\boldsymbol{x}_1+\lambda_2\boldsymbol{x}_2+\cdots+\lambda_m\boldsymbol{x}_m=\boldsymbol{o}$$

を満たす $\lambda_1,\ \lambda_2,\ \cdots,\ \lambda_m$ で少なくとも 1 つは 0 でない組が存在することを意味している．

例 1　$\boldsymbol{x}_1,\ \boldsymbol{x}_2,\ \cdots,\ \boldsymbol{x}_m$ について，それらのうち少なくとも 1 つが $\boldsymbol{o}$ であれば，(4) と同様にして，線形従属であることがわかる．

例題 1　次の 4 次元数ベクトル $\boldsymbol{x}_1,\ \boldsymbol{x}_2,\ \boldsymbol{x}_3$ は線形独立か線形従属か．

$$\boldsymbol{x}_1=\begin{pmatrix}1\\1\\-1\\2\end{pmatrix},\ \boldsymbol{x}_2=\begin{pmatrix}-2\\-1\\2\\1\end{pmatrix},\ \boldsymbol{x}_3=\begin{pmatrix}3\\2\\1\\1\end{pmatrix}$$

解　$\lambda_1\boldsymbol{x}_1+\lambda_2\boldsymbol{x}_2+\lambda_3\boldsymbol{x}_3=\boldsymbol{o}$ とおくと

$$\lambda_1\begin{pmatrix}1\\1\\-1\\2\end{pmatrix}+\lambda_2\begin{pmatrix}-2\\-1\\2\\1\end{pmatrix}+\lambda_3\begin{pmatrix}3\\2\\1\\1\end{pmatrix}=\begin{pmatrix}0\\0\\0\\0\end{pmatrix}$$

変形して

$$\begin{pmatrix}1&-2&3\\1&-1&2\\-1&2&1\\2&1&1\end{pmatrix}\begin{pmatrix}\lambda_1\\\lambda_2\\\lambda_3\end{pmatrix}=\begin{pmatrix}0\\0\\0\\0\end{pmatrix}$$

左辺の行列は $\boldsymbol{x}_1,\ \boldsymbol{x}_2,\ \boldsymbol{x}_3$ を並べたものである．これを $(\boldsymbol{x}_1\ \boldsymbol{x}_2\ \boldsymbol{x}_3)$ で表す．また，拡大係数行列を $(\boldsymbol{x}_1\ \boldsymbol{x}_2\ \boldsymbol{x}_3\ \boldsymbol{o})$ で表し，消去法を行うと

$$(\boldsymbol{x}_1\ \boldsymbol{x}_2\ \boldsymbol{x}_3\ \boldsymbol{o}) \longrightarrow \begin{pmatrix} 1 & -2 & 3 & 0 \\ 0 & 1 & -1 & 0 \\ 0 & 0 & 4 & 0 \\ 0 & 5 & -5 & 0 \end{pmatrix} \longrightarrow \begin{pmatrix} 1 & -2 & 3 & 0 \\ 0 & 1 & -1 & 0 \\ 0 & 0 & 1 & 0 \\ 0 & 0 & 0 & 0 \end{pmatrix}$$

λ_1, λ_2, λ_3 についての方程式は

$$\lambda_1 - 2\lambda_2 + 3\lambda_3 = 0,\ \lambda_2 - \lambda_3 = 0,\ \lambda_3 = 0$$

$\lambda_1 = 0$, $\lambda_2 = 0$, $\lambda_3 = 0$ となるから，$\boldsymbol{x}_1$, $\boldsymbol{x}_2$, $\boldsymbol{x}_3$ は線形独立である．//

(注)　拡大係数行列の最後の列は常に $\boldsymbol{o}$ だから，係数行列だけを変形してもよい．

問2　次の5次元数ベクトルの組は線形独立か線形従属か．

(1) $\begin{pmatrix} 1 \\ -2 \\ -3 \\ 1 \\ -1 \end{pmatrix}$, $\begin{pmatrix} -2 \\ 4 \\ 6 \\ -2 \\ 2 \end{pmatrix}$　　(2) $\begin{pmatrix} 1 \\ 1 \\ -1 \\ 1 \\ -1 \end{pmatrix}$, $\begin{pmatrix} 2 \\ -2 \\ -3 \\ 1 \\ 2 \end{pmatrix}$, $\begin{pmatrix} -1 \\ 3 \\ 2 \\ 4 \\ 1 \end{pmatrix}$

$\boldsymbol{x}_1$, $\boldsymbol{x}_2$, $\cdots$, $\boldsymbol{x}_m$ が線形独立であるとき，それらの線形結合の係数は一意に定まる．すなわち

$$\lambda_1\boldsymbol{x}_1 + \lambda_2\boldsymbol{x}_2 + \cdots + \lambda_m\boldsymbol{x}_m = \mu_1\boldsymbol{x}_1 + \mu_2\boldsymbol{x}_2 + \cdots + \mu_m\boldsymbol{x}_m \qquad (6)$$

とするとき，$\lambda_j = \mu_j$ $(j = 1,\ 2,\ \cdots,\ m)$ であることが示される．実際，(6) を変形して

$$(\lambda_1 - \mu_1)\boldsymbol{x}_1 + (\lambda_2 - \mu_2)\boldsymbol{x}_2 + \cdots + (\lambda_m - \mu_m)\boldsymbol{x}_m = \boldsymbol{o}$$

線形独立性から，$\lambda_j - \mu_j = 0$ すなわち $\lambda_j = \mu_j$ となるからである．

問3　$\boldsymbol{x}_1$, $\boldsymbol{x}_2$, $\boldsymbol{x}_3$ が線形独立のとき，$\boldsymbol{x}_1$, $\boldsymbol{x}_1 + \boldsymbol{x}_2$, $\boldsymbol{x}_1 + \boldsymbol{x}_2 + \boldsymbol{x}_3$ も線形独立であることを証明せよ．

§3 基底

空間 $\boldsymbol{R}^3$ では，次のベクトル $\boldsymbol{i}$, $\boldsymbol{j}$, $\boldsymbol{k}$ を**基本ベクトル**と呼んだ．

$$\boldsymbol{i} = \begin{pmatrix} 1 \\ 0 \\ 0 \end{pmatrix}, \ \boldsymbol{j} = \begin{pmatrix} 0 \\ 1 \\ 0 \end{pmatrix}, \ \boldsymbol{k} = \begin{pmatrix} 0 \\ 0 \\ 1 \end{pmatrix}$$

$\boldsymbol{R}^3$ の任意のベクトルは，基本ベクトル $\boldsymbol{i}$, $\boldsymbol{j}$, $\boldsymbol{k}$ の線形結合で表される．

$$\boldsymbol{x} = \begin{pmatrix} x_1 \\ x_2 \\ x_3 \end{pmatrix} = x_1\boldsymbol{i} + x_2\boldsymbol{j} + x_3\boldsymbol{k}$$

一般の n 次元数ベクトル空間 $\boldsymbol{R}^n$ においても同様である．ただし，$\boldsymbol{R}^n$ においては，その**基本ベクトル**を $\boldsymbol{e}_1$, $\boldsymbol{e}_2$, $\cdots$, $\boldsymbol{e}_n$ とおくことにする．

$$\boldsymbol{e}_1 = \begin{pmatrix} 1 \\ 0 \\ \vdots \\ 0 \end{pmatrix}, \ \boldsymbol{e}_2 = \begin{pmatrix} 0 \\ 1 \\ \vdots \\ 0 \end{pmatrix}, \ \cdots, \ \boldsymbol{e}_n = \begin{pmatrix} 0 \\ 0 \\ \vdots \\ 1 \end{pmatrix} \tag{1}$$

まず，基本ベクトル $\boldsymbol{e}_1$, $\boldsymbol{e}_2$, $\cdots$, $\boldsymbol{e}_n$ は線形独立である．実際，

$$\lambda_1\boldsymbol{e}_1 + \lambda_2\boldsymbol{e}_2 + \cdots + \lambda_n\boldsymbol{e}_n = \begin{pmatrix} \lambda_1 \\ \lambda_2 \\ \vdots \\ \lambda_n \end{pmatrix}$$

となることを用いると

$$\lambda_1\boldsymbol{e}_1 + \lambda_2\boldsymbol{e}_2 + \cdots + \lambda_n\boldsymbol{e}_n = \boldsymbol{o}$$

より，ただちに $\lambda_1 = \lambda_2 = \cdots = \lambda_n = 0$ が導かれるからである．

また，$\boldsymbol{R}^n$ の任意のベクトルは，基本ベクトルの線形結合で表される．

$$\boldsymbol{x} = \begin{pmatrix} x_1 \\ x_2 \\ \vdots \\ x_n \end{pmatrix} = x_1\boldsymbol{e}_1 + x_2\boldsymbol{e}_2 + \cdots + x_n\boldsymbol{e}_n \tag{2}$$

基本ベクトルは線形独立であるから，28ページで述べたことより，(2)の線形結合における係数は一意に定まる．

一般に $\boldsymbol{R}^n$ の m 個のベクトルの組 $\{\boldsymbol{a}_1, \boldsymbol{a}_2, \cdots, \boldsymbol{a}_m\}$ が，基本ベクトルのもつ上の性質を満たす，すなわち

(Ⅰ)　それらは線形独立である.
(Ⅱ)　$\boldsymbol{R}^n$ の任意のベクトルはそれらの線形結合で表される.　(3)

であるとき，ベクトルの個数 m は n に等しいことを示そう．

まず，$m > n$ と仮定する．関係式

$$\lambda_1\boldsymbol{a}_1 + \lambda_2\boldsymbol{a}_2 + \cdots + \lambda_m\boldsymbol{a}_m = \boldsymbol{o} \tag{4}$$

を $\lambda_1, \lambda_2, \cdots, \lambda_m$ についての連立1次方程式と見たとき，その係数行列 $(\boldsymbol{a}_1 \ \ \boldsymbol{a}_2 \ \ \cdots \ \ \boldsymbol{a}_m)$ は n 行 m 列の行列であり，その階数を r とおくと

$$r \leqq n < m$$

が成り立つ．消去法によってできる階段行列の行のうち，0でない成分を含む行について，最も左にあって0でない成分の列番号を求める．例えば

$$\begin{pmatrix} 1 & * & * & * & * \\ 0 & 0 & 0 & 1 & * \\ 0 & 0 & 0 & 0 & 1 \\ 0 & 0 & 0 & 0 & 0 \end{pmatrix} \quad (* \text{はどんな数でもよい}) \tag{5}$$

であれば，1, 4, 5である．

階数の定義から，その列番号の個数は r である．これらを $j_1, j_2, \cdots, j_r$ とおくと，$\lambda_{j_1}, \lambda_{j_2}, \cdots, \lambda_{j_r}$ は代入によって順次求められるが，$r < m$

より，他の λ_j があって，それらの値は任意に定められる．例えば，(5) では λ_2，λ_3 は任意定数である．すなわち，(4) は無数の解をもつことになり，線形独立性に反するから，$m \leqq n$ である．

(注 1) 上のことから，次が成り立つ．

$\boldsymbol{R}^n$ において，$m > n$ のとき，$\boldsymbol{a}_1$，$\boldsymbol{a}_2$，$\cdots$，$\boldsymbol{a}_m$ は線形従属である．

問 4 $\boldsymbol{R}^3$ の次のベクトルは線形従属であることを消去法で確かめよ．

$$\boldsymbol{a}_1 = \begin{pmatrix} 1 \\ 2 \\ -1 \end{pmatrix},\ \boldsymbol{a}_2 = \begin{pmatrix} 1 \\ 3 \\ 2 \end{pmatrix},\ \boldsymbol{a}_3 = \begin{pmatrix} 2 \\ 2 \\ -8 \end{pmatrix},\ \boldsymbol{a}_4 = \begin{pmatrix} -1 \\ -1 \\ 5 \end{pmatrix}$$

次に，$m < n$ と仮定する．ベクトル $\boldsymbol{x}$ について

$$\lambda_1 \boldsymbol{a}_1 + \lambda_2 \boldsymbol{a}_2 + \cdots + \lambda_m \boldsymbol{a}_m = \boldsymbol{x}$$

を λ_1，λ_2，$\cdots$，λ_m についての連立 1 次方程式と見たときの拡大係数行列 $(\boldsymbol{a}_1\ \ \boldsymbol{a}_2\ \ \cdots\ \ \boldsymbol{a}_m\ \ \boldsymbol{x})$ を消去法によって階段行列に変形する．係数行列の階数 r について，$r \leqq m < n$ が成り立つから，階段行列の係数行列の部分にはすべて成分が 0 である行が存在する．例えば，$n = 4$，$m = 3$ の場合

$$\left(\begin{array}{ccc:c} 1 & * & * & * \\ 0 & 1 & * & * \\ 0 & 0 & 1 & * \\ 0 & 0 & 0 & \bullet \end{array}\right)$$

のようになる．上の例においては，$\bullet$ が 0 でないように $\boldsymbol{x}$ を選べば，$\boldsymbol{x}$ は $\boldsymbol{a}_1$，$\boldsymbol{a}_2$，$\boldsymbol{a}_3$ の線形結合では表されない．一般の場合も同様であり，(3) の (II) に反することになる．したがって，$m = n$ である．

(注 2) 上のことから，次が成り立つ．

$\boldsymbol{R}^n$ において，$m < n$ のとき，$\boldsymbol{a}_1$，$\boldsymbol{a}_2$，$\cdots$，$\boldsymbol{a}_m$ の線形結合で表されないベクトルが存在する．

問5　次のベクトル $\boldsymbol{a}_1$, $\boldsymbol{a}_2$ の線形結合では表されない $\boldsymbol{R}^3$ のベクトル $\boldsymbol{x}$ の例を1つ挙げよ.

$$\boldsymbol{a}_1 = \begin{pmatrix} 1 \\ 2 \\ -1 \end{pmatrix}, \ \boldsymbol{a}_2 = \begin{pmatrix} 1 \\ 3 \\ 2 \end{pmatrix}$$

$\boldsymbol{R}^n$ のベクトルの組 $\boldsymbol{a}_1$, $\boldsymbol{a}_2$, $\cdots$, $\boldsymbol{a}_n$ が(3)の(Ⅰ),(Ⅱ)を満たすとき,この組を $\{\boldsymbol{a}_j\}$ と表し $\boldsymbol{R}^n$ の**基底**という.基本ベクトルの組 $\boldsymbol{e}_1$, $\boldsymbol{e}_2$, $\cdots$, $\boldsymbol{e}_n$ は(Ⅰ),(Ⅱ)を満たすから,基底である.$\{\boldsymbol{e}_j\}$ を $\boldsymbol{R}^n$ の**標準基底**という.

基底であるための条件について,次が成り立つ.

$\boldsymbol{R}^n$ の基底の条件

$\boldsymbol{R}^n$ における n 個のベクトルの組 $\{\boldsymbol{a}_j\}$ について,次の条件は同値である.

(1)　$\{\boldsymbol{a}_1, \boldsymbol{a}_2, \cdots, \boldsymbol{a}_n\}$ は $\boldsymbol{R}^n$ の基底である.

(2)　$\boldsymbol{a}_1$, $\boldsymbol{a}_2$, $\cdots$, $\boldsymbol{a}_n$ は線形独立である.

(3)　行列 $(\boldsymbol{a}_1 \ \ \boldsymbol{a}_2 \ \ \cdots \ \ \boldsymbol{a}_n)$ は正則である.

証明　まず,基底の定義より,(1)$\Longrightarrow$(2) は明らかに成り立つ.

(2)$\Longrightarrow$(3)

$$A = (\boldsymbol{a}_1 \ \boldsymbol{a}_2 \ \cdots \ \boldsymbol{a}_n), \ \boldsymbol{\lambda} = \begin{pmatrix} \lambda_1 \\ \vdots \\ \lambda_n \end{pmatrix} \text{とおくと}$$

$$\lambda_1\boldsymbol{a}_1 + \lambda_2\boldsymbol{a}_2 + \cdots + \lambda_n\boldsymbol{a}_n = A\boldsymbol{\lambda}$$

$\boldsymbol{a}_1$, $\boldsymbol{a}_2$, $\cdots$, $\boldsymbol{a}_n$ が線形独立であることより,連立1次方程式 $A\boldsymbol{\lambda} = \boldsymbol{o}$ は $\boldsymbol{\lambda} = \boldsymbol{o}$ 以外の解をもたない.

よって，18 ページの正則性の条件より，A は正則である．

(3)$\Longrightarrow$(1)

まず，18 ページの正則性の条件より，$\boldsymbol{a}_1$，$\boldsymbol{a}_2$，$\cdots$，$\boldsymbol{a}_n$ は線形独立である．次に，任意のベクトル $\boldsymbol{x}$ が $\boldsymbol{a}_1$，$\boldsymbol{a}_2$，$\cdots$，$\boldsymbol{a}_n$ の線形結合で表されることは，A の正則性を用いて次のように示される．

$$\boldsymbol{x} = \lambda_1\boldsymbol{a}_1 + \lambda_2\boldsymbol{a}_2 + \cdots + \lambda_n\boldsymbol{a}_n = A\boldsymbol{\lambda} \tag{6}$$

とおき，$\boldsymbol{\lambda}$ の連立 1 次方程式を作る．両辺に左から A^{-1} を掛けると

$$A^{-1}\boldsymbol{x} = \boldsymbol{\lambda} \tag{7}$$

(7) で求められる $\boldsymbol{\lambda}$ が線形結合 (6) の係数となる． //

例題 2 次の $\{\boldsymbol{a}_1, \boldsymbol{a}_2, \boldsymbol{a}_3, \boldsymbol{a}_4\}$ は $\boldsymbol{R}^4$ の基底となることを証明せよ．

$$\boldsymbol{a}_1 = \begin{pmatrix} 1 \\ -1 \\ 2 \\ 3 \end{pmatrix},\ \boldsymbol{a}_2 = \begin{pmatrix} 2 \\ -1 \\ 3 \\ 5 \end{pmatrix},\ \boldsymbol{a}_3 = \begin{pmatrix} 1 \\ 3 \\ 2 \\ 0 \end{pmatrix},\ \boldsymbol{a}_4 = \begin{pmatrix} 2 \\ 1 \\ 0 \\ 2 \end{pmatrix}$$

証明 行列 $(\boldsymbol{a}_1\ \boldsymbol{a}_2\ \boldsymbol{a}_3\ \boldsymbol{a}_4)$ の行列式を計算すると

$$\begin{vmatrix} 1 & 2 & 1 & 2 \\ -1 & -1 & 3 & 1 \\ 2 & 3 & 2 & 0 \\ 3 & 5 & 0 & 2 \end{vmatrix} = \begin{vmatrix} 1 & 2 & 1 & 2 \\ 0 & 1 & 4 & 3 \\ 0 & -1 & 0 & -4 \\ 0 & -1 & -3 & -4 \end{vmatrix}$$

$$= \begin{vmatrix} 1 & 4 & 3 \\ -1 & 0 & -4 \\ -1 & -3 & -4 \end{vmatrix} = -3 \neq 0$$

したがって，$\{\boldsymbol{a}_1, \boldsymbol{a}_2, \boldsymbol{a}_3, \boldsymbol{a}_4\}$ は $\boldsymbol{R}^4$ の基底である． //

問 6 問 4 の $\{\boldsymbol{a}_1, \boldsymbol{a}_2, \boldsymbol{a}_4\}$ は $\boldsymbol{R}^3$ の基底であることを証明せよ．

§4 基底の変換

以後，$\boldsymbol{R}^n$ の基底 $\{\boldsymbol{a}_j\} = \{\boldsymbol{a}_1,\ \boldsymbol{a}_2,\ \cdots,\ \boldsymbol{a}_n\}$ を単に $\boldsymbol{a}$ と書くことにする．また，標準基底 $\{\boldsymbol{e}_j\}$ を $\boldsymbol{e}$ と表す．

基底 $\boldsymbol{a}$ をとるとき，$\boldsymbol{R}^n$ の任意のベクトル $\boldsymbol{x}$ は，基底 $\boldsymbol{a}$ の線形結合で

$$\boldsymbol{x} = y_1\boldsymbol{a}_1 + y_2\boldsymbol{a}_2 + \cdots + y_n\boldsymbol{a}_n \tag{1}$$

と一意的に表される．n 個のスカラー $y_1,\ y_2,\ \cdots,\ y_n$ をベクトル $\boldsymbol{x}$ の基底 $\boldsymbol{a}$ に関する**成分**といい，本書では

$$\begin{pmatrix} y_1 \\ y_2 \\ \vdots \\ y_n \end{pmatrix}_{\boldsymbol{a}} \tag{2}$$

と表すことにする．

（注）(2) は，基底 $\boldsymbol{a}$ に関する成分 $y_1,\ y_2,\ \cdots,\ y_n$ を行列としての列ベクトルで表している．

特に，任意のベクトル $\boldsymbol{x}$ の標準基底 $\boldsymbol{e}$ に関する成分は

$$\boldsymbol{x} = \begin{pmatrix} x_1 \\ x_2 \\ \vdots \\ x_n \end{pmatrix} = x_1\boldsymbol{e}_1 + x_2\boldsymbol{e}_2 + \cdots + x_n\boldsymbol{e}_n \ \text{より} \quad \begin{pmatrix} x_1 \\ x_2 \\ \vdots \\ x_n \end{pmatrix}_{\boldsymbol{e}} \tag{3}$$

したがって，$\boldsymbol{x}$ の数ベクトルとしての成分と $\boldsymbol{e}$ に関する成分は一致する．

問 7　$\boldsymbol{R}^2$ の次の基底 $\boldsymbol{a} = \{\boldsymbol{a}_1,\ \boldsymbol{a}_2\}$ とベクトル $\boldsymbol{x}$ について，$\boldsymbol{x}$ の $\boldsymbol{a}$ に関する成分を求めよ．

$$\boldsymbol{a}_1 = \begin{pmatrix} 2 \\ 1 \end{pmatrix},\ \boldsymbol{a}_2 = \begin{pmatrix} -2 \\ 1 \end{pmatrix},\ \boldsymbol{x} = \begin{pmatrix} 2 \\ 2 \end{pmatrix}$$

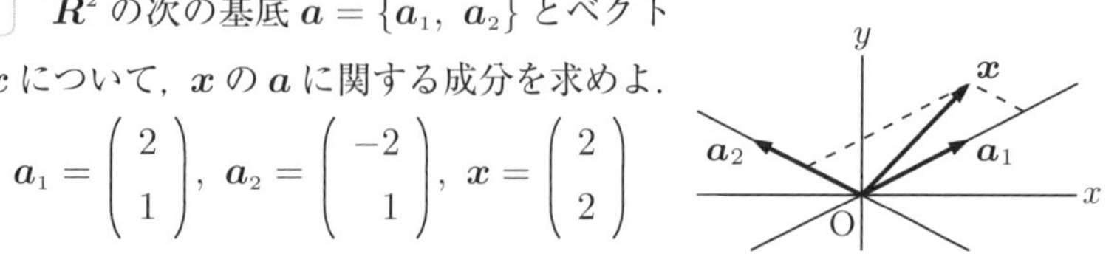

$\boldsymbol{R}^n$ に基底 $\boldsymbol{a}$, $\boldsymbol{b}$ をとり，ベクトル $\boldsymbol{x}$ の基底 $\boldsymbol{a}$, $\boldsymbol{b}$ に関する成分を

$$\begin{pmatrix} x_1 \\ x_2 \\ \vdots \\ x_n \end{pmatrix}_{\boldsymbol{a}} \quad \text{および} \quad \begin{pmatrix} y_1 \\ y_2 \\ \vdots \\ y_n \end{pmatrix}_{\boldsymbol{b}} \tag{4}$$

とおく．(4) の 2 つの成分の関係を求めよう．

基底 $\boldsymbol{a}$ についての線形結合

$$x_1\boldsymbol{a}_1 + x_2\boldsymbol{a}_2 + \cdots + x_n\boldsymbol{a}_n$$

は，各 $\boldsymbol{a}_j$ の成分を用いて，次のように表すことができる．

$$x_1\begin{pmatrix} a_{11} \\ a_{21} \\ \vdots \\ a_{n1} \end{pmatrix} + x_2\begin{pmatrix} a_{12} \\ a_{22} \\ \vdots \\ a_{n2} \end{pmatrix} + \cdots + x_n\begin{pmatrix} a_{1n} \\ a_{2n} \\ \vdots \\ a_{nn} \end{pmatrix}$$

$$= \begin{pmatrix} a_{11} & a_{12} & \cdots & a_{1n} \\ a_{21} & a_{22} & \cdots & a_{2n} \\ \vdots & \vdots & \cdots & \vdots \\ a_{n1} & a_{n2} & \cdots & a_{nn} \end{pmatrix}\begin{pmatrix} x_1 \\ x_2 \\ \vdots \\ x_n \end{pmatrix} = A\begin{pmatrix} x_1 \\ x_2 \\ \vdots \\ x_n \end{pmatrix}$$

ただし，行列 A は $\boldsymbol{a}_j$ を並べてできる行列 $(\boldsymbol{a}_1 \ \ \boldsymbol{a}_2 \ \ \cdots \ \ \boldsymbol{a}_n)$ で，$\boldsymbol{a}$ が基底であることから，正則行列である．

同様に，$\boldsymbol{b}_j$ を並べてできる行列 $(\boldsymbol{b}_1 \ \ \boldsymbol{b}_2 \ \ \cdots \ \ \boldsymbol{b}_n)$ を B とおくと，(4) より

$$A\begin{pmatrix} x_1 \\ x_2 \\ \vdots \\ x_n \end{pmatrix} = B\begin{pmatrix} y_1 \\ y_2 \\ \vdots \\ y_n \end{pmatrix} \quad \text{すなわち} \quad \begin{pmatrix} x_1 \\ x_2 \\ \vdots \\ x_n \end{pmatrix} = A^{-1}B\begin{pmatrix} y_1 \\ y_2 \\ \vdots \\ y_n \end{pmatrix}$$

基底の変換と成分

$\boldsymbol{R}^n$ の基底 $\boldsymbol{a}=\{\boldsymbol{a}_j\}$, $\boldsymbol{b}=\{\boldsymbol{b}_j\}$ をとり，$A=(\boldsymbol{a}_1\ \ \boldsymbol{a}_2\ \ \cdots\ \ \boldsymbol{a}_n)$, $B=(\boldsymbol{b}_1\ \ \boldsymbol{b}_2\ \ \cdots\ \ \boldsymbol{b}_n)$ とおく．このとき，$\boldsymbol{R}^n$ の任意のベクトル $\boldsymbol{x}$ の $\boldsymbol{a}$, $\boldsymbol{b}$ に関する成分について，次の関係が成り立つ．

$$\begin{pmatrix} x_1 \\ x_2 \\ \vdots \\ x_n \end{pmatrix}_{\boldsymbol{a}} = A^{-1}B \begin{pmatrix} y_1 \\ y_2 \\ \vdots \\ y_n \end{pmatrix}_{\boldsymbol{b}} \tag{5}$$

（注）　$A^{-1}B=P$ とおくと $B=AP$ より

$$(\boldsymbol{b}_1\ \ \boldsymbol{b}_2\ \ \cdots\ \ \boldsymbol{b}_n)=(\boldsymbol{a}_1\ \ \boldsymbol{a}_2\ \ \cdots\ \ \boldsymbol{a}_n)\,P \tag{6}$$

が成り立つ．行列 P を基底 $\boldsymbol{a}$ から基底 $\boldsymbol{b}$ への**基底の変換行列**という．A, B は正則行列であるから，基底の変換行列 P は正則行列である．

また，標準基底 $\boldsymbol{e}$ について，$(\boldsymbol{e}_1\ \ \boldsymbol{e}_2\ \ \cdots\ \ \boldsymbol{e}_n)=E$ となるから，$\boldsymbol{e}$ から基底 $\boldsymbol{a}$ への基底の変換行列は $A=(\boldsymbol{a}_1\ \ \boldsymbol{a}_2\ \ \cdots\ \ \boldsymbol{a}_n)$ である．

例 2　$\boldsymbol{R}^3$ の基底 $\boldsymbol{a}=\{\boldsymbol{a}_1,\ \boldsymbol{a}_2,\ \boldsymbol{a}_3\}$, $\boldsymbol{b}=\{\boldsymbol{b}_1,\ \boldsymbol{b}_2,\ \boldsymbol{b}_3\}$ を次のようにとる．

$$\boldsymbol{a}_1=\begin{pmatrix} 1 \\ 0 \\ 0 \end{pmatrix},\ \boldsymbol{a}_2=\begin{pmatrix} 0 \\ 1 \\ 0 \end{pmatrix},\ \boldsymbol{a}_3=\begin{pmatrix} 0 \\ 1 \\ 1 \end{pmatrix},\ \boldsymbol{b}_1=\begin{pmatrix} 0 \\ 0 \\ 1 \end{pmatrix},\ \boldsymbol{b}_2=\begin{pmatrix} 0 \\ 1 \\ 0 \end{pmatrix},\ \boldsymbol{b}_3=\begin{pmatrix} 1 \\ 0 \\ 0 \end{pmatrix}$$

このとき，$\boldsymbol{a}$ から $\boldsymbol{b}$ への基底の変換行列は

$$\begin{pmatrix} 1 & 0 & 0 \\ 0 & 1 & 1 \\ 0 & 0 & 1 \end{pmatrix}^{-1}\begin{pmatrix} 0 & 0 & 1 \\ 0 & 1 & 0 \\ 1 & 0 & 0 \end{pmatrix}=\begin{pmatrix} 0 & 0 & 1 \\ -1 & 1 & 0 \\ 1 & 0 & 0 \end{pmatrix}$$

例題 3　$\boldsymbol{R}^2$ のベクトル

$$\boldsymbol{a}_1 = \begin{pmatrix} 1 \\ 2 \end{pmatrix},\ \boldsymbol{a}_2 = \begin{pmatrix} 2 \\ 3 \end{pmatrix},\ \boldsymbol{b}_1 = \begin{pmatrix} 2 \\ -1 \end{pmatrix},\ \boldsymbol{b}_2 = \begin{pmatrix} -5 \\ 4 \end{pmatrix}$$

について，次の問いに答えよ．

(1)　$\{\boldsymbol{a}_1,\ \boldsymbol{a}_2\}$，$\{\boldsymbol{b}_1,\ \boldsymbol{b}_2\}$ はともに $\boldsymbol{R}^2$ の基底であることを証明せよ．

(2)　$\boldsymbol{a} = \{\boldsymbol{a}_1,\ \boldsymbol{a}_2\}$ から $\boldsymbol{b} = \{\boldsymbol{b}_1,\ \boldsymbol{b}_2\}$ への基底の変換行列を求めよ．

(3)　$\boldsymbol{R}^2$ のベクトル $3\boldsymbol{b}_1 + 2\boldsymbol{b}_2$ の基底 $\boldsymbol{a}$ に関する成分を求めよ．

解　(1) $A = (\boldsymbol{a}_1\ \boldsymbol{a}_2) = \begin{pmatrix} 1 & 2 \\ 2 & 3 \end{pmatrix}$，$B = (\boldsymbol{b}_1\ \boldsymbol{b}_2) = \begin{pmatrix} 2 & -5 \\ -1 & 4 \end{pmatrix}$ とおく．

このとき　$|A| = -1 \neq 0$，$|B| = 3 \neq 0$

したがって，$\{\boldsymbol{a}_1,\ \boldsymbol{a}_2\}$，$\{\boldsymbol{b}_1,\ \boldsymbol{b}_2\}$ はともに $\boldsymbol{R}^2$ の基底である．

(2) 求める行列を P とおくと

$$P = A^{-1}B = \begin{pmatrix} -8 & 23 \\ 5 & -14 \end{pmatrix}$$

(3) $3\boldsymbol{b}_1 + 2\boldsymbol{b}_2$ の $\boldsymbol{b}$ に関する成分は $\begin{pmatrix} 3 \\ 2 \end{pmatrix}_{\boldsymbol{b}}$ である．$\boldsymbol{a}$ に関する成分は

$$P\begin{pmatrix} 3 \\ 2 \end{pmatrix} = \begin{pmatrix} -8 & 23 \\ 5 & -14 \end{pmatrix}\begin{pmatrix} 3 \\ 2 \end{pmatrix} = \begin{pmatrix} 22 \\ -13 \end{pmatrix}_{\boldsymbol{a}}$$

//

問 8　基底 $\boldsymbol{a}$ から基底 $\boldsymbol{b}$ への基底の変換行列を P とするとき，$\boldsymbol{b}$ から $\boldsymbol{a}$ への基底の変換行列は P^{-1} であることを証明せよ．

問 9　例題 3 において，$9\boldsymbol{a}_1 - 6\boldsymbol{a}_2$ の基底 $\boldsymbol{b}$ に関する成分を求めよ．

§5 内積と正規直交基底

5・1 内積

平面または空間のベクトル $\boldsymbol{a}$, $\boldsymbol{b}$ の内積は，3ページのように，それらのベクトルのなす角 θ を用いて定義された．しかし，一般の数ベクトル空間 $\boldsymbol{R}^n$ においては，θ を用いて定義することは難しい．かわりに，4ページの成分表示の式によって，内積を定義することにする．すなわち，$\boldsymbol{R}^n$ の2つのベクトル $\boldsymbol{a}$, $\boldsymbol{b}$ について，**内積** $\boldsymbol{a}\cdot\boldsymbol{b}$ を次の式で定める．

$$\boldsymbol{a}\cdot\boldsymbol{b} = \begin{pmatrix} a_1 \\ a_2 \\ \vdots \\ a_n \end{pmatrix} \cdot \begin{pmatrix} b_1 \\ b_2 \\ \vdots \\ b_n \end{pmatrix} = a_1b_1 + a_2b_2 + \cdots + a_nb_n \tag{1}$$

(1) で定義された内積も，4ページの内積の性質 (1) を満たしている．

(注)　6ページの (2) より，$\boldsymbol{a}\cdot\boldsymbol{b} = {}^t\boldsymbol{a}\,\boldsymbol{b}$ が成り立つ．

問10　4ページの内積の性質 (1) (II) を証明せよ．

(1) において，$\boldsymbol{a} = \boldsymbol{b}$ とすると

$$\boldsymbol{a}\cdot\boldsymbol{a} = {a_1}^2 + {a_2}^2 + \cdots + {a_n}^2$$

したがって，次の性質が成り立つ．

$$\boldsymbol{a}\cdot\boldsymbol{a} \geqq 0 \quad (\text{等号成立は } \boldsymbol{a} = \boldsymbol{o} \text{ の場合に限る}) \tag{2}$$

$\sqrt{\boldsymbol{a}\cdot\boldsymbol{a}}$ をベクトル $\boldsymbol{a}$ の**大きさ**または**ノルム**といい，$|\boldsymbol{a}|$ で表す．

$$|\boldsymbol{a}| = \sqrt{{a_1}^2 + {a_2}^2 + \cdots + {a_n}^2} \tag{3}$$

$|\boldsymbol{a}|$ について，4ページの内積の性質 (2) (II) が成り立つ．

また，(2) から

$$|\boldsymbol{a}| = 0 \iff \boldsymbol{a} = \boldsymbol{o}$$

である．

内積と大きさについて，次の不等式が成り立つことを示そう．

$$-|\boldsymbol{a}|\,|\boldsymbol{b}| \leqq \boldsymbol{a}\cdot\boldsymbol{b} \leqq |\boldsymbol{a}|\,|\boldsymbol{b}| \qquad \text{（シュワルツの不等式）} \tag{4}$$

$\boldsymbol{a}=\boldsymbol{o}$ のとき，(4) は明らかである．

$\boldsymbol{a}\neq\boldsymbol{o}$ のとき，任意の実数 λ について

$$(\lambda\boldsymbol{a}+\boldsymbol{b})\cdot(\lambda\boldsymbol{a}+\boldsymbol{b}) = |\lambda\boldsymbol{a}+\boldsymbol{b}|^2 \geqq 0$$

が成り立つ．展開してまとめると

$$|\boldsymbol{a}|^2\lambda^2 + 2(\boldsymbol{a}\cdot\boldsymbol{b})\lambda + |\boldsymbol{b}|^2 \geqq 0$$

変形して

$$|\boldsymbol{a}|^2\left(\lambda+\frac{\boldsymbol{a}\cdot\boldsymbol{b}}{|\boldsymbol{a}|^2}\right)^2 + \frac{|\boldsymbol{a}|^2|\boldsymbol{b}|^2-(\boldsymbol{a}\cdot\boldsymbol{b})^2}{|\boldsymbol{a}|^2} \geqq 0$$

この不等式が任意の実数 λ について成り立つためには

$$|\boldsymbol{a}|^2|\boldsymbol{b}|^2-(\boldsymbol{a}\cdot\boldsymbol{b})^2 \geqq 0 \quad \text{すなわち} \quad (\boldsymbol{a}\cdot\boldsymbol{b})^2 \leqq |\boldsymbol{a}|^2|\boldsymbol{b}|^2$$

これから，(4) が得られる．

$\boldsymbol{a}\neq\boldsymbol{o}$, $\boldsymbol{b}\neq\boldsymbol{o}$ のとき，(4) より

$$-1 \leqq \frac{\boldsymbol{a}\cdot\boldsymbol{b}}{|\boldsymbol{a}|\,|\boldsymbol{b}|} \leqq 1$$

したがって

$$\cos\theta = \frac{\boldsymbol{a}\cdot\boldsymbol{b}}{|\boldsymbol{a}|\,|\boldsymbol{b}|}, \quad 0 \leqq \theta \leqq \pi$$

を満たす θ がただ1つ定まる．この θ を $\boldsymbol{a}$ と $\boldsymbol{b}$ の**なす角**という．

特に，$\boldsymbol{a}\cdot\boldsymbol{b}=0$ のとき，$\theta=\dfrac{\pi}{2}$ となる．このとき，$\boldsymbol{a}$ と $\boldsymbol{b}$ は**直交**するといい，$\boldsymbol{a}\perp\boldsymbol{b}$ と書く．

問 11　$\boldsymbol{a}=\begin{pmatrix}1\\-1\\-1\\1\end{pmatrix}$, $\boldsymbol{b}=\begin{pmatrix}\sqrt{3}\\-1\\\sqrt{3}\\3\end{pmatrix}$ について，次を求めよ．

(1)　$|\boldsymbol{a}|$, $|\boldsymbol{b}|$, $\boldsymbol{a}\cdot\boldsymbol{b}$　　(2)　$\boldsymbol{a}$ と $\boldsymbol{b}$ のなす角

5・2　正規直交基底

数ベクトル空間 $\boldsymbol{R}^n$ の m 個のベクトル $\boldsymbol{a}_1,\ \boldsymbol{a}_2,\ \cdots,\ \boldsymbol{a}_m$ が $\boldsymbol{o}$ でなく，互いに直交しているとする．

$$\boldsymbol{a}_j \cdot \boldsymbol{a}_k = 0 \quad (j \neq k,\ 1 \leqq j,\ k \leqq m)$$

このとき，これらは線形独立であることを示そう．そのために

$$\lambda_1 \boldsymbol{a}_1 + \lambda_2 \boldsymbol{a}_2 + \cdots + \lambda_m \boldsymbol{a}_m = \boldsymbol{o} \tag{1}$$

とおく．(1) と $\boldsymbol{a}_k$ $(1 \leqq k \leqq m)$ との内積をとると

$$\lambda_1 \boldsymbol{a}_1 \cdot \boldsymbol{a}_k + \lambda_2 \boldsymbol{a}_2 \cdot \boldsymbol{a}_k + \cdots + \lambda_m \boldsymbol{a}_m \cdot \boldsymbol{a}_k = \boldsymbol{o} \cdot \boldsymbol{a}_k = 0$$

$\boldsymbol{a}_j \cdot \boldsymbol{a}_k = 0\ (j \neq k)$，$\boldsymbol{a}_k \cdot \boldsymbol{a}_k = |\boldsymbol{a}_k|^2 > 0$ であるから

$$\lambda_k |\boldsymbol{a}_k|^2 = 0 \quad \text{すなわち} \quad \lambda_k = 0 \quad (1 \leqq k \leqq m)$$

したがって，$\boldsymbol{a}_1,\ \boldsymbol{a}_2,\ \cdots,\ \boldsymbol{a}_m$ は線形独立である．

特に，$m = n$ であれば，32 ページの基底の条件より，$\{\boldsymbol{a}_j\}$ は $\boldsymbol{R}^n$ の基底になる．さらに，各ベクトルの大きさが1のとき，すなわち

$$\boldsymbol{a}_j \cdot \boldsymbol{a}_k = 0,\ |\boldsymbol{a}_j| = 1 \quad (j \neq k,\ 1 \leqq j,\ k \leqq n) \tag{2}$$

のとき，$\{\boldsymbol{a}_j\}$ を**正規直交基底**という．

例3　標準基底 $\boldsymbol{e} = \{\boldsymbol{e}_j\}$ について

$$\boldsymbol{e}_j \cdot \boldsymbol{e}_k = \begin{pmatrix} \vdots \\ 1 \\ \vdots \\ 0 \\ \vdots \end{pmatrix} \cdot \begin{pmatrix} \vdots \\ 0 \\ \vdots \\ 1 \\ \vdots \end{pmatrix} = 0 \quad (j \neq k)\ , \quad |\boldsymbol{e}_j| = 1$$

より，標準基底は正規直交基底である．

(注)　空間 $\boldsymbol{R}^3$ の正規直交基底は，例えば図のようになり，直交座標系の1つを定めるものであるといってよい．

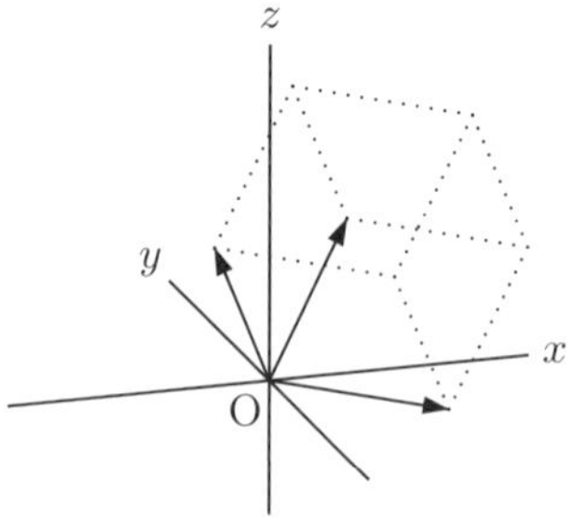

例題 4 次のベクトルは互いに直交することを確かめ，これらから $\boldsymbol{R}^4$ の正規直交基底 $\{\boldsymbol{p}_1, \boldsymbol{p}_2, \boldsymbol{p}_3, \boldsymbol{p}_4\}$ を作れ．

$$\boldsymbol{a}_1 = \begin{pmatrix} 1 \\ 2 \\ 2 \\ -1 \end{pmatrix}, \ \boldsymbol{a}_2 = \begin{pmatrix} -1 \\ 3 \\ -2 \\ 1 \end{pmatrix}, \ \boldsymbol{a}_3 = \begin{pmatrix} -2 \\ 0 \\ 2 \\ 2 \end{pmatrix}$$

解 $\boldsymbol{a}_1 \cdot \boldsymbol{a}_2 = -1 + 6 - 4 - 1 = 0$, $\boldsymbol{a}_2 \cdot \boldsymbol{a}_3 = 2 - 4 + 2 = 0$, $\boldsymbol{a}_1 \cdot \boldsymbol{a}_3 = -2 + 4 - 2 = 0$ となるから，互いに直交する．

次に，$\boldsymbol{a}_4$ の成分を順に x, y, z, w とおき，$\boldsymbol{a}_1, \boldsymbol{a}_2, \boldsymbol{a}_3$ と直交することから連立 1 次方程式を作り，係数行列に消去法を行って解を求めると

$$\begin{pmatrix} 1 & 2 & 2 & -1 \\ -1 & 3 & -2 & 1 \\ -2 & 0 & 2 & 2 \end{pmatrix} \longrightarrow \begin{pmatrix} 1 & 2 & 2 & -1 \\ 0 & 1 & 0 & 0 \\ 0 & 0 & 1 & 0 \end{pmatrix} \qquad \boldsymbol{a}_4 = \begin{pmatrix} x \\ y \\ z \\ w \end{pmatrix} = t \begin{pmatrix} 1 \\ 0 \\ 0 \\ 1 \end{pmatrix}$$

$t = 1$ として $\boldsymbol{a}_4$ を定め，それぞれを大きさで割って正規直交基底を得る．

$$\boldsymbol{p}_1 = \frac{1}{\sqrt{10}} \begin{pmatrix} 1 \\ 2 \\ 2 \\ -1 \end{pmatrix}, \ \boldsymbol{p}_2 = \frac{1}{\sqrt{15}} \begin{pmatrix} -1 \\ 3 \\ -2 \\ 1 \end{pmatrix}, \ \boldsymbol{p}_3 = \frac{1}{\sqrt{3}} \begin{pmatrix} -1 \\ 0 \\ 1 \\ 1 \end{pmatrix}, \ \boldsymbol{p}_4 = \frac{1}{\sqrt{2}} \begin{pmatrix} 1 \\ 0 \\ 0 \\ 1 \end{pmatrix} \ //$$

問 12 例題 4 のように $\boldsymbol{a}_1 = \begin{pmatrix} 1 \\ 3 \\ 2 \end{pmatrix}$, $\boldsymbol{a}_2 = \begin{pmatrix} -1 \\ -1 \\ 2 \end{pmatrix}$ から $\boldsymbol{R}^3$ の正規直交基底 $\{\boldsymbol{p}_1, \boldsymbol{p}_2, \boldsymbol{p}_3\}$ を作れ．

$\boldsymbol{R}^n$ の基底 $\{\boldsymbol{a}_j\}$ が与えられたとき，次のようにして正規直交基底 $\{\boldsymbol{p}_j\}$ を作ることができる．ここでは，$\boldsymbol{R}^3$ で説明するが，$\boldsymbol{R}^n$ でも同様である．

（Ⅰ）　$\boldsymbol{b}_1 = \boldsymbol{a}_1$ とおく．このとき，$\boldsymbol{b}_1 \neq \boldsymbol{o}$ である．

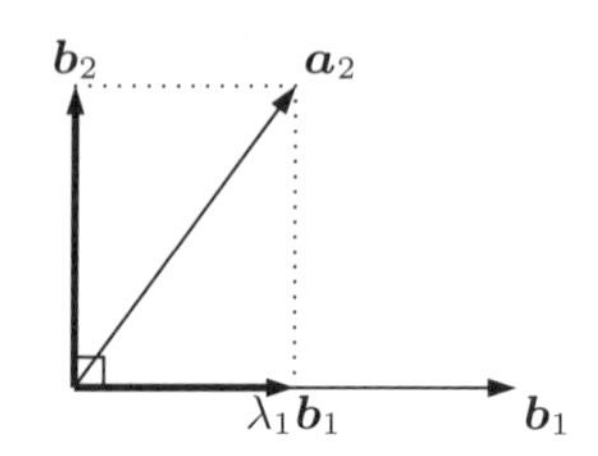

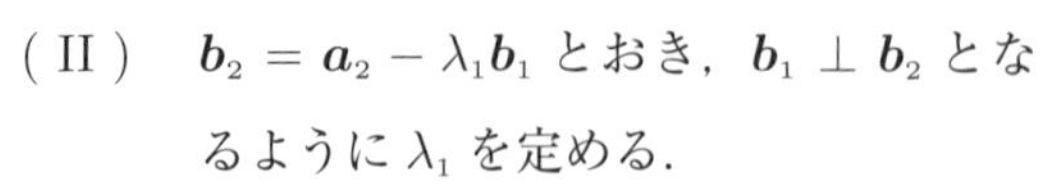

（Ⅱ）　$\boldsymbol{b}_2 = \boldsymbol{a}_2 - \lambda_1 \boldsymbol{b}_1$ とおき，$\boldsymbol{b}_1 \perp \boldsymbol{b}_2$ となるように λ_1 を定める．

$$\boldsymbol{b}_1 \cdot \boldsymbol{b}_2 = \boldsymbol{b}_1 \cdot \boldsymbol{a}_2 - \lambda_1 |\boldsymbol{b}_1|^2 = 0$$
$$\lambda_1 = \frac{\boldsymbol{b}_1 \cdot \boldsymbol{a}_2}{|\boldsymbol{b}_1|^2}$$

したがって　$\boldsymbol{b}_2 = \boldsymbol{a}_2 - \dfrac{\boldsymbol{b}_1 \cdot \boldsymbol{a}_2}{|\boldsymbol{b}_1|^2} \boldsymbol{b}_1$

このとき，$\boldsymbol{b}_2 = \boldsymbol{o}$ とすると，$\boldsymbol{a}_2$ が $\boldsymbol{b}_1$，すなわち $\boldsymbol{a}_1$ のスカラー倍で表され，$\{\boldsymbol{a}_j\}$ が基底であることに反するから，$\boldsymbol{b}_2 \neq \boldsymbol{o}$ である．

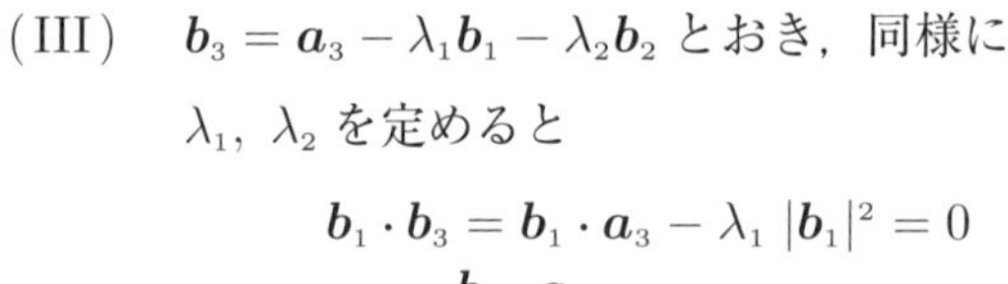

（Ⅲ）　$\boldsymbol{b}_3 = \boldsymbol{a}_3 - \lambda_1 \boldsymbol{b}_1 - \lambda_2 \boldsymbol{b}_2$ とおき，同様に λ_1，λ_2 を定めると

$$\boldsymbol{b}_1 \cdot \boldsymbol{b}_3 = \boldsymbol{b}_1 \cdot \boldsymbol{a}_3 - \lambda_1 |\boldsymbol{b}_1|^2 = 0$$
$$\lambda_1 = \frac{\boldsymbol{b}_1 \cdot \boldsymbol{a}_3}{|\boldsymbol{b}_1|^2}$$
$$\boldsymbol{b}_2 \cdot \boldsymbol{b}_3 = \boldsymbol{b}_2 \cdot \boldsymbol{a}_3 - \lambda_2 |\boldsymbol{b}_2|^2 = 0$$
$$\lambda_2 = \frac{\boldsymbol{b}_2 \cdot \boldsymbol{a}_3}{|\boldsymbol{b}_2|^2}$$

したがって

$$\boldsymbol{b}_3 = \boldsymbol{a}_3 - \frac{\boldsymbol{b}_1 \cdot \boldsymbol{a}_3}{|\boldsymbol{b}_1|^2} \boldsymbol{b}_1 - \frac{\boldsymbol{b}_2 \cdot \boldsymbol{a}_3}{|\boldsymbol{b}_2|^2} \boldsymbol{b}_2$$

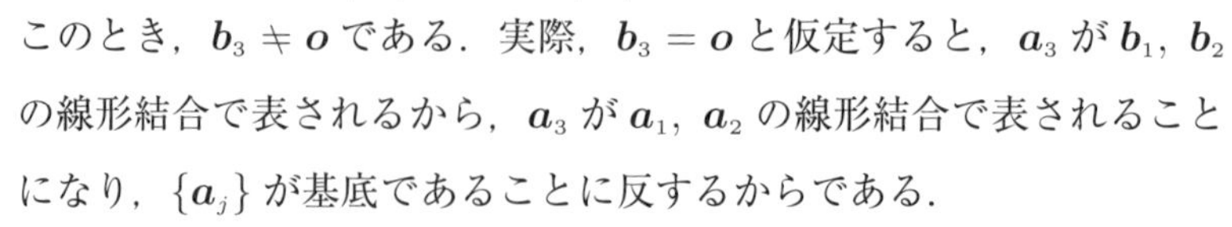

このとき，$\boldsymbol{b}_3 \neq \boldsymbol{o}$ である．実際，$\boldsymbol{b}_3 = \boldsymbol{o}$ と仮定すると，$\boldsymbol{a}_3$ が $\boldsymbol{b}_1$，$\boldsymbol{b}_2$ の線形結合で表されるから，$\boldsymbol{a}_3$ が $\boldsymbol{a}_1$，$\boldsymbol{a}_2$ の線形結合で表されることになり，$\{\boldsymbol{a}_j\}$ が基底であることに反するからである．

$$\boldsymbol{p}_1 = \frac{1}{|\boldsymbol{b}_1|} \boldsymbol{b}_1,\ \boldsymbol{p}_2 = \frac{1}{|\boldsymbol{b}_2|} \boldsymbol{b}_2,\ \boldsymbol{p}_3 = \frac{1}{|\boldsymbol{b}_3|} \boldsymbol{b}_3$$

と定めれば，$\{\boldsymbol{p}_j\}$ は正規直交基底になる．

正規直交基底を作るこの方法を，**グラム・シュミットの直交化**という．

例題 5　次の $\boldsymbol{R}^3$ の基底 $\{\boldsymbol{a}_1,\ \boldsymbol{a}_2,\ \boldsymbol{a}_3\}$ から，グラム・シュミットの直交化により正規直交基底 $\{\boldsymbol{p}_1,\ \boldsymbol{p}_2,\ \boldsymbol{p}_3\}$ を作れ．

$$\boldsymbol{a}_1 = \begin{pmatrix} 1 \\ 2 \\ 1 \end{pmatrix},\ \boldsymbol{a}_2 = \begin{pmatrix} 2 \\ 1 \\ -1 \end{pmatrix},\ \boldsymbol{a}_3 = \begin{pmatrix} 2 \\ 3 \\ 2 \end{pmatrix}$$

解　$\boldsymbol{b}_1 = \boldsymbol{a}_1 = \begin{pmatrix} 1 \\ 2 \\ 1 \end{pmatrix}$ とおく．

$\boldsymbol{b}_2 = \boldsymbol{a}_2 - \lambda_1 \boldsymbol{b}_1$ とおき，$\boldsymbol{b}_1 \cdot \boldsymbol{b}_2 = 0$ となる λ_1 を求めると

$$\lambda_1 = \frac{\boldsymbol{b}_1 \cdot \boldsymbol{a}_2}{|\boldsymbol{b}_1|^2} = \frac{1}{2}$$

したがって　$\boldsymbol{b}_2 = \begin{pmatrix} \frac{3}{2} \\ 0 \\ -\frac{3}{2} \end{pmatrix}$

次に $\boldsymbol{b}_3 = \boldsymbol{a}_3 - \lambda_1 \boldsymbol{b}_1 - \lambda_2 \boldsymbol{b}_2$ とおき，$\boldsymbol{b}_1 \cdot \boldsymbol{b}_3 = 0$，$\boldsymbol{b}_2 \cdot \boldsymbol{b}_3 = 0$ となるように λ_1，λ_2 を求めると

$$\lambda_1 = \frac{\boldsymbol{b}_1 \cdot \boldsymbol{a}_3}{|\boldsymbol{b}_1|^2} = \frac{5}{3},\ \lambda_2 = \frac{\boldsymbol{b}_2 \cdot \boldsymbol{a}_3}{|\boldsymbol{b}_2|^2} = 0$$

したがって　$\boldsymbol{b}_3 = \begin{pmatrix} \frac{1}{3} \\ -\frac{1}{3} \\ \frac{1}{3} \end{pmatrix}$

$\boldsymbol{b}_1$，$\boldsymbol{b}_2$，$\boldsymbol{b}_3$ の大きさを 1 にして

$$\boldsymbol{p}_1 = \frac{1}{\sqrt{6}}\begin{pmatrix} 1 \\ 2 \\ 1 \end{pmatrix},\ \boldsymbol{p}_2 = \frac{1}{\sqrt{2}}\begin{pmatrix} 1 \\ 0 \\ -1 \end{pmatrix},\ \boldsymbol{p}_3 = \frac{1}{\sqrt{3}}\begin{pmatrix} 1 \\ -1 \\ 1 \end{pmatrix}$$

以上より，$\{\boldsymbol{p}_1,\ \boldsymbol{p}_2,\ \boldsymbol{p}_3\}$ が求める正規直交基底である．　//

問 13　次の基底 $\{\boldsymbol{a}_1,\ \boldsymbol{a}_2,\ \boldsymbol{a}_3\}$ から，正規直交基底 $\{\boldsymbol{p}_1,\ \boldsymbol{p}_2,\ \boldsymbol{p}_3\}$ を作れ．

$$\boldsymbol{a}_1 = \begin{pmatrix} 1 \\ 2 \\ 1 \end{pmatrix},\ \boldsymbol{a}_2 = \begin{pmatrix} 3 \\ 2 \\ -1 \end{pmatrix},\ \boldsymbol{a}_3 = \begin{pmatrix} 2 \\ -1 \\ 1 \end{pmatrix}$$

5・3　直交行列

正規直交基底 $\{\boldsymbol{p}_j\}$ の各ベクトルを並べてできる行列 $P = (\boldsymbol{p}_1\ \ \boldsymbol{p}_2\ \ \cdots\ \ \boldsymbol{p}_n)$ は，標準基底から $\{\boldsymbol{p}_j\}$ への変換行列である．P を**直交行列**という．

P が直交行列であるとき，P の転置行列 ${}^tP$ と P との積を求めると

$${}^tP\,P = \begin{pmatrix} {}^t\boldsymbol{p}_1 \\ {}^t\boldsymbol{p}_2 \\ \vdots \\ {}^t\boldsymbol{p}_n \end{pmatrix}(\boldsymbol{p}_1\ \ \boldsymbol{p}_2\ \ \cdots\ \ \boldsymbol{p}_n) = (\,{}^t\boldsymbol{p}_i\boldsymbol{p}_j\,) = (\,\boldsymbol{p}_i\cdot\boldsymbol{p}_j\,) \qquad (3)$$

$\boldsymbol{p}_i\cdot\boldsymbol{p}_j = 0\ (i \neq j)$，$\boldsymbol{p}_i\cdot\boldsymbol{p}_i = |\boldsymbol{p}_i|^2 = 1$ であるから，(3) は単位行列 E，すなわち $P^{-1} = {}^tP$ となる．

逆も成り立ち，次の公式が得られる．

正規直交基底と直交行列

直交行列 $P = (\boldsymbol{p}_1\ \ \boldsymbol{p}_2\ \ \cdots\ \ \boldsymbol{p}_n)$ の列ベクトルの組は，正規直交基底である．直交行列 P について，$P^{-1} = {}^tP$ が成り立つ．

逆に，$P^{-1} = {}^tP$ を満たす行列 P は直交行列である．

5·4　応用

平面 $\boldsymbol{R}^2$ において，ベクトル $\boldsymbol{a}_1$，$\boldsymbol{a}_2$ を次のようにとる．

$$\boldsymbol{a}_1 = \begin{pmatrix} 3 \\ 1 \end{pmatrix},\ \boldsymbol{a}_2 = \begin{pmatrix} -1 \\ 3 \end{pmatrix}$$

$\boldsymbol{a}_1$，$\boldsymbol{a}_2$ は直交しており，それぞれ直線 $y = \dfrac{1}{3}x$，$y = -3x$ に平行である．

原点 O を中心とし，2 つの直線に平行な辺をもつ正方形の各頂点を求めよう．ただし，1 辺の長さを 2 とする．

$\boldsymbol{a}_1$，$\boldsymbol{a}_2$ が直交することから

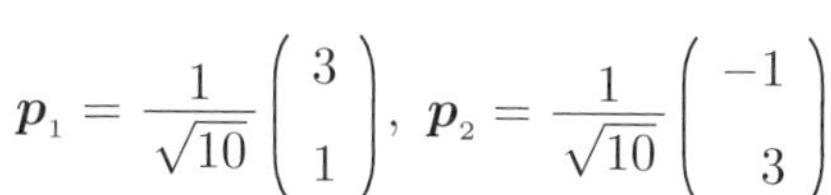

$$\boldsymbol{p}_1 = \frac{1}{\sqrt{10}}\begin{pmatrix} 3 \\ 1 \end{pmatrix},\ \boldsymbol{p}_2 = \frac{1}{\sqrt{10}}\begin{pmatrix} -1 \\ 3 \end{pmatrix}$$

とおくと，$\boldsymbol{p} = \{\boldsymbol{p}_1,\ \boldsymbol{p}_2\}$ は正規直交基底で，次の行列 P は標準基底 $\boldsymbol{e}$ から $\boldsymbol{p}$ への変換行列である．

$$P = (\boldsymbol{p}_1\ \ \boldsymbol{p}_2) = \begin{pmatrix} \dfrac{3}{\sqrt{10}} & -\dfrac{1}{\sqrt{10}} \\ \dfrac{1}{\sqrt{10}} & \dfrac{3}{\sqrt{10}} \end{pmatrix}$$

正規直交基底 $\boldsymbol{p}$ に関する成分が

$$\begin{pmatrix} 1 \\ 1 \end{pmatrix}_{\boldsymbol{p}},\ \begin{pmatrix} -1 \\ 1 \end{pmatrix}_{\boldsymbol{p}},\ \begin{pmatrix} -1 \\ -1 \end{pmatrix}_{\boldsymbol{p}},\ \begin{pmatrix} 1 \\ -1 \end{pmatrix}_{\boldsymbol{p}}$$

であるベクトルの表す点をそれぞれ A, B, C, D とおく．これらは求める正方形の各頂点であり，座標，すなわち標準基底に関する成分は，36 ページの公式により，P を掛けることで，例えば，次のようにして求められる．

$$P\begin{pmatrix} 1 \\ 1 \end{pmatrix} = \frac{1}{\sqrt{10}}\begin{pmatrix} 2 \\ 4 \end{pmatrix} \quad \text{より} \quad \mathrm{A}\left(\frac{2}{\sqrt{10}},\ \frac{4}{\sqrt{10}}\right)$$

問 14　他の頂点の座標を求めよ．

空間 $\boldsymbol{R}^3$ において，点 A(1, 1, 2) をとり，線形独立なベクトルの組

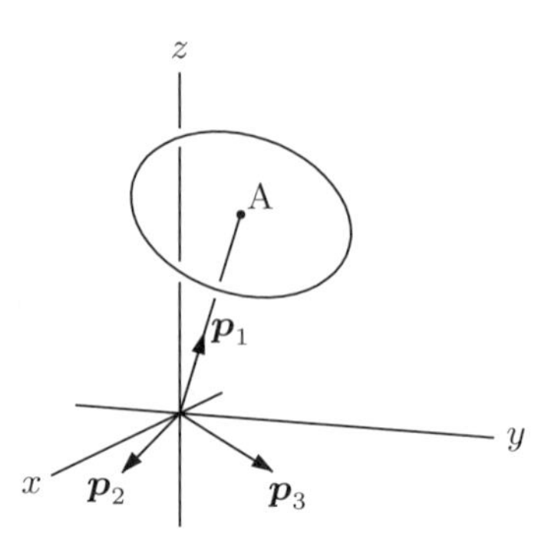

$$\boldsymbol{a}_1 = \begin{pmatrix} 1 \\ 1 \\ 2 \end{pmatrix}, \boldsymbol{a}_2 = \begin{pmatrix} 1 \\ 0 \\ 0 \end{pmatrix}, \boldsymbol{a}_3 = \begin{pmatrix} 0 \\ 1 \\ 0 \end{pmatrix}$$

を選ぶ．ただし，$\boldsymbol{a}_1 = \overrightarrow{\mathrm{OA}}$ である．

$\{\boldsymbol{a}_1, \boldsymbol{a}_2, \boldsymbol{a}_3\}$ からグラム・シュミットの直交化により，正規直交基底

$$\boldsymbol{p}_1 = \frac{1}{\sqrt{6}}\begin{pmatrix} 1 \\ 1 \\ 2 \end{pmatrix}, \boldsymbol{p}_2 = \frac{1}{\sqrt{30}}\begin{pmatrix} 5 \\ -1 \\ -2 \end{pmatrix}, \boldsymbol{p}_3 = \frac{1}{\sqrt{5}}\begin{pmatrix} 0 \\ 2 \\ -1 \end{pmatrix}$$

が得られる．

A を中心とし $\boldsymbol{a}_1$ に垂直で半径 1 の円を考え，円上の任意の点 Q の位置ベクトル $\overrightarrow{\mathrm{OQ}}$ の $\boldsymbol{p} = \{\boldsymbol{p}_1, \boldsymbol{p}_2, \boldsymbol{p}_3\}$ に関する成分を x', y', z' とおくと

$$y'^2 + z'^2 = 1,\ x' = \sqrt{6} \qquad (1)$$

が成り立つ．(1) は $\boldsymbol{p}$ を直交座標系とするときの円の方程式といってよい．

一方，$P = (\boldsymbol{p}_1\ \ \boldsymbol{p}_2\ \ \boldsymbol{p}_3)$ とし，Q の座標，すなわち標準基底 $\boldsymbol{e}$ に関する成分を x, y, z とおくと，36 ページの公式より

$$\begin{pmatrix} x \\ y \\ z \end{pmatrix} = P\begin{pmatrix} x' \\ y' \\ z' \end{pmatrix} \quad \text{よって} \quad \begin{pmatrix} x' \\ y' \\ z' \end{pmatrix} = P^{-1}\begin{pmatrix} x \\ y \\ z \end{pmatrix} = {}^tP\begin{pmatrix} x \\ y \\ z \end{pmatrix}$$

x', y', z' を x, y, z で表し，(1) に代入すると

$$5x^2 + 5y^2 + 2z^2 - 2xy - 4yz - 4zx = 6,\ x + y + 2z = 6 \qquad (2)$$

(2) は標準基底に関する円の方程式であるが，(1) と比べて複雑であり，扱う対象によって正規直交基底を適切にとることが重要となる．

練習問題

1. 次の数ベクトルの組は線形独立か線形従属か.

(1) $\begin{pmatrix} 1 \\ -1 \\ 1 \\ -2 \end{pmatrix}, \begin{pmatrix} 2 \\ 1 \\ 2 \\ 4 \end{pmatrix}, \begin{pmatrix} 1 \\ 2 \\ 3 \\ 2 \end{pmatrix}$　　(2) $\begin{pmatrix} 1 \\ 2 \\ 0 \\ 1 \end{pmatrix}, \begin{pmatrix} 1 \\ 1 \\ 3 \\ 1 \end{pmatrix}, \begin{pmatrix} 1 \\ 3 \\ -3 \\ 1 \end{pmatrix}, \begin{pmatrix} 0 \\ -2 \\ 6 \\ 0 \end{pmatrix}$

2. ベクトル $\boldsymbol{x}_1$, $\boldsymbol{x}_2$, $\boldsymbol{x}_3$ が線形独立であるとき，次のベクトルの組は線形独立か線形従属か.

(1) $\boldsymbol{x}_1 + \boldsymbol{x}_2,\ \boldsymbol{x}_2 + \boldsymbol{x}_3,\ \boldsymbol{x}_3 + \boldsymbol{x}_1$　　(2) $\boldsymbol{x}_1 + \boldsymbol{x}_2,\ \boldsymbol{x}_2 + \boldsymbol{x}_3,\ \boldsymbol{x}_3 - \boldsymbol{x}_1$

3. $\boldsymbol{R}^3$ の次の基底 $\boldsymbol{a}$, $\boldsymbol{b}$ と次のベクトル $\boldsymbol{x}$ について，次の問いに答えよ.

$$\boldsymbol{a} = \left\{ \begin{pmatrix} 1 \\ 0 \\ 0 \end{pmatrix}, \begin{pmatrix} 1 \\ 1 \\ 0 \end{pmatrix}, \begin{pmatrix} 1 \\ 1 \\ 1 \end{pmatrix} \right\},\ \boldsymbol{b} = \left\{ \begin{pmatrix} 1 \\ 1 \\ 0 \end{pmatrix}, \begin{pmatrix} 1 \\ 0 \\ 1 \end{pmatrix}, \begin{pmatrix} 0 \\ 1 \\ 1 \end{pmatrix} \right\},\ \boldsymbol{x} = \begin{pmatrix} 1 \\ 2 \\ 5 \end{pmatrix}$$

(1) $\boldsymbol{a}$ から $\boldsymbol{b}$ への基底の変換行列を求めよ.

(2) $\boldsymbol{x}$ の基底 $\boldsymbol{a}$ および基底 $\boldsymbol{b}$ に関する成分を求めよ.

4. 次の 2 つのベクトルのなす角を求めよ.

(1) $\boldsymbol{p}_1 = \begin{pmatrix} 1 \\ 1 \\ 1 \\ 0 \end{pmatrix},\ \boldsymbol{p}_2 = \begin{pmatrix} 1 \\ 1 \\ 1 \\ 1 \end{pmatrix}$　　(2) $\boldsymbol{q}_1 = \begin{pmatrix} 3 \\ 2 \\ -1 \\ 2 \end{pmatrix},\ \boldsymbol{q}_2 = \begin{pmatrix} 1 \\ -2 \\ 2 \\ -3 \end{pmatrix}$

5. グラム・シュミットの直交化により，次の基底から正規直交基底を作れ.

(1) $\begin{pmatrix} 1 \\ -1 \\ 0 \end{pmatrix}, \begin{pmatrix} 1 \\ 2 \\ 1 \end{pmatrix}, \begin{pmatrix} 2 \\ -1 \\ 1 \end{pmatrix}$　　(2) $\begin{pmatrix} 1 \\ 1 \\ 0 \\ 0 \end{pmatrix}, \begin{pmatrix} 0 \\ 1 \\ 1 \\ 0 \end{pmatrix}, \begin{pmatrix} 0 \\ 0 \\ 1 \\ 1 \end{pmatrix}, \begin{pmatrix} 0 \\ 0 \\ 0 \\ 1 \end{pmatrix}$

3章 線形変換と線形写像

2次正方行列 $A = \begin{pmatrix} a_{11} & a_{12} \\ a_{21} & a_{22} \end{pmatrix}$ をとる．

平面 $\boldsymbol{R}^2$ のベクトル $\boldsymbol{x} = \begin{pmatrix} x_1 \\ x_2 \end{pmatrix}$ に対して，ベクトル $\boldsymbol{x}' = \begin{pmatrix} x_1{}' \\ x_2{}' \end{pmatrix}$ を

$$\begin{pmatrix} x_1{}' \\ x_2{}' \end{pmatrix} = A\boldsymbol{x} = \begin{pmatrix} a_{11} & a_{12} \\ a_{21} & a_{22} \end{pmatrix}\begin{pmatrix} x_1 \\ x_2 \end{pmatrix} = \begin{pmatrix} a_{11}x_1 + a_{12}x_2 \\ a_{21}x_1 + a_{22}x_2 \end{pmatrix}$$

によって定めると，行列 A は $\boldsymbol{R}^2$ のベクトル $\boldsymbol{x}$ を $\boldsymbol{x}'$ に対応させる**変換**を表しているといってよい．この変換を f とおき，ベクトルの対応を

$$\boldsymbol{x}' = f(\boldsymbol{x}) \quad \text{または} \quad \boldsymbol{x} \longmapsto \boldsymbol{x}'$$

と書くことにする．

行列の表す変換については，行列の積の性質により

$$\begin{aligned} f(\boldsymbol{x}+\boldsymbol{y}) &= f(\boldsymbol{x}) + f(\boldsymbol{y}) \\ f(\lambda\boldsymbol{x}) &= \lambda f(\boldsymbol{x}) \end{aligned} \tag{1}$$

が成り立つ．ただし，$\boldsymbol{x}$，$\boldsymbol{y}$ はベクトル，λ はスカラーである．

性質 (1) を**線形性**という．一般の数ベクトル空間 $\boldsymbol{R}^n$ において，線形性をもつ変換を $\boldsymbol{R}^n$ の**線形変換**と定めることにする．

$\boldsymbol{R}^n$ の基底 $\boldsymbol{a}$ をとると，線形変換は基底 $\boldsymbol{a}$ に関する成分を用いて，1つの行列によって表されるが，その行列は基底のとり方に依存する．

§1 線形変換

1·1 R^2 の線形変換

数ベクトル空間 $\boldsymbol{R}^2$ の**変換**，すなわち $\boldsymbol{R}^2$ のベクトル $\boldsymbol{x}$ から $\boldsymbol{R}^2$ のベクトル $\boldsymbol{x}'$ への対応を f とおき，次のように書く．

$$\boldsymbol{x}' = f(\boldsymbol{x}) \quad \text{または} \quad \boldsymbol{x} \longmapsto \boldsymbol{x}'$$

$\boldsymbol{x}'$ を $\boldsymbol{x}$ の f による**像**という．

変換 f が**線形性**をもつとき，すなわち

$$\begin{aligned} f(\boldsymbol{x}+\boldsymbol{y}) &= f(\boldsymbol{x}) + f(\boldsymbol{y}) \\ f(\lambda\boldsymbol{x}) &= \lambda f(\boldsymbol{x}) \end{aligned} \tag{1}$$

が任意のベクトル $\boldsymbol{x}$, $\boldsymbol{y}$ と任意のスカラー λ について成り立つとき，f を $\boldsymbol{R}^2$ の**線形変換**という．

例 1　$\boldsymbol{x} = \overrightarrow{\mathrm{OP}}$ とおき, 直線 $y = x$ に関して点 P と対称な点を P$'$ とするとき，$\boldsymbol{x}$ を $\boldsymbol{x}' = \overrightarrow{\mathrm{OP}'}$ に対応させる変換 f は，線形変換である．このことは右の図によって確かめられる．

上の線形変換 f において

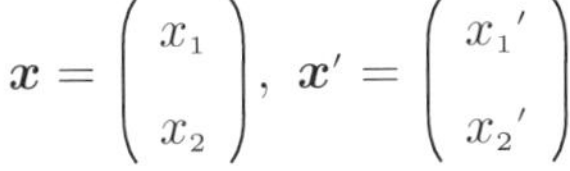

$$\boldsymbol{x} = \begin{pmatrix} x_1 \\ x_2 \end{pmatrix}, \ \boldsymbol{x}' = \begin{pmatrix} x_1{}' \\ x_2{}' \end{pmatrix}$$

とおくと，$\boldsymbol{x}' = f(\boldsymbol{x})$ の関係は，行列を用いて次のように表される．

$$\begin{pmatrix} x_1{}' \\ x_2{}' \end{pmatrix} = \begin{pmatrix} x_2 \\ x_1 \end{pmatrix} = \begin{pmatrix} 0 & 1 \\ 1 & 0 \end{pmatrix}\begin{pmatrix} x_1 \\ x_2 \end{pmatrix}$$

一般の線形変換 f についても同様である．すなわち，任意の線形変換は行列を用いて表される．このことを以下で示そう．

$\boldsymbol{R}^2$ の標準基底 $\{\boldsymbol{e}_1,\ \boldsymbol{e}_2\}$ をとり，これらの f による像をそれぞれ

$$f(\boldsymbol{e}_1) = \begin{pmatrix} a_{11} \\ a_{21} \end{pmatrix},\ f(\boldsymbol{e}_2) = \begin{pmatrix} a_{12} \\ a_{22} \end{pmatrix}$$

とおく．任意のベクトル $\boldsymbol{x}$ は，$\boldsymbol{e}_1$，$\boldsymbol{e}_2$ の線形結合で

$$\boldsymbol{x} = x_1\boldsymbol{e}_1 + x_2\boldsymbol{e}_2$$

と表されるから，(1) の線形性により

$$\boldsymbol{x}' = f(\boldsymbol{x}) = f(x_1\boldsymbol{e}_1) + f(x_2\boldsymbol{e}_2) = x_1 f(\boldsymbol{e}_1) + x_2 f(\boldsymbol{e}_2)$$

したがって

$$\begin{pmatrix} x_1' \\ x_2' \end{pmatrix} = x_1\begin{pmatrix} a_{11} \\ a_{21} \end{pmatrix} + x_2\begin{pmatrix} a_{12} \\ a_{22} \end{pmatrix} = \begin{pmatrix} a_{11} & a_{12} \\ a_{21} & a_{22} \end{pmatrix}\begin{pmatrix} x_1 \\ x_2 \end{pmatrix} \tag{2}$$

が成り立つ．

逆に，2次の正方行列 A をとるとき

$$\boldsymbol{x}' = A\boldsymbol{x}$$

で定まる変換は線形変換である．実際，7ページの行列の積の性質より

$$A(\boldsymbol{x} + \boldsymbol{y}) - A\,\boldsymbol{x} + A\,\boldsymbol{y},\ A(\lambda\boldsymbol{x}) = \lambda A\,\boldsymbol{x}$$

が成り立つからである．

問1　次の行列で表される線形変換はどのような変換か．

(1)　$A = \begin{pmatrix} -2 & 0 \\ 0 & -2 \end{pmatrix}$　　(2)　$B = \begin{pmatrix} -1 & 0 \\ 0 & 1 \end{pmatrix}$

$\boldsymbol{R}^2$ の別の基底 $\boldsymbol{p} = \{\boldsymbol{p}_1,\ \boldsymbol{p}_2\}$ についても同様である．すなわち，標準基底に関して行列 A で表される線形変換 f は，基底 $\boldsymbol{p}$ に関しても1つの行列 B で表される．ただし，A と B は一般には異なる行列である．

例題 1　次の基底に関する成分を用いるとき，49 ページの例 1 の線形変換 f はどのような行列で表されるか．

(1)　標準基底 $\boldsymbol{e} = \{\boldsymbol{e}_1,\ \boldsymbol{e}_2\}$

(2)　$\boldsymbol{p}_1 = \begin{pmatrix} 1 \\ 1 \end{pmatrix}$, $\boldsymbol{p}_2 = \begin{pmatrix} -1 \\ 1 \end{pmatrix}$ からなる基底 $\boldsymbol{p} = \{\boldsymbol{p}_1,\ \boldsymbol{p}_2\}$

解　(1) $\boldsymbol{R}^2$ の任意のベクトルは，$\boldsymbol{x} = x_1\boldsymbol{e}_1 + x_2\boldsymbol{e}_2$ と表される．このとき，$f(\boldsymbol{e}_1) = \boldsymbol{e}_2$，$f(\boldsymbol{e}_2) = \boldsymbol{e}_1$ であるから

$$\begin{aligned} \boldsymbol{x}' &= f(\boldsymbol{x}) = x_1 f(\boldsymbol{e}_1) + x_2 f(\boldsymbol{e}_2) = x_1\boldsymbol{e}_2 + x_2\boldsymbol{e}_1 \\ &= x_1\begin{pmatrix} 0 \\ 1 \end{pmatrix} + x_2\begin{pmatrix} 1 \\ 0 \end{pmatrix} = \begin{pmatrix} 0 & 1 \\ 1 & 0 \end{pmatrix}\begin{pmatrix} x_1 \\ x_2 \end{pmatrix} \end{aligned}$$

したがって，f は基底 $\boldsymbol{e}$ に関して $\begin{pmatrix} 0 & 1 \\ 1 & 0 \end{pmatrix}$ で表される．

(2) 同様に任意のベクトル $\boldsymbol{x}$ は，$\boldsymbol{p}_1$，$\boldsymbol{p}_2$ の線形結合によって

$$\boldsymbol{x} = y_1\boldsymbol{p}_1 + y_2\boldsymbol{p}_2$$

と表される．このとき，$f(\boldsymbol{p}_1) = \boldsymbol{p}_1$，$f(\boldsymbol{p}_2) = -\boldsymbol{p}_2$ であるから

$$\boldsymbol{x}' = f(\boldsymbol{x}) = y_1 f(\boldsymbol{p}_1) + y_2 f(\boldsymbol{p}_2) = y_1\boldsymbol{p}_1 + y_2(-\boldsymbol{p}_2)$$

基底 $\boldsymbol{p}$ に関する成分を用いて

$$\begin{pmatrix} y_1' \\ y_2' \end{pmatrix}_{\boldsymbol{p}} = y_1\begin{pmatrix} 1 \\ 0 \end{pmatrix}_{\boldsymbol{p}} + y_2\begin{pmatrix} 0 \\ -1 \end{pmatrix}_{\boldsymbol{p}} = \begin{pmatrix} 1 & 0 \\ 0 & -1 \end{pmatrix}\begin{pmatrix} y_1 \\ y_2 \end{pmatrix}_{\boldsymbol{p}}$$

したがって，f は基底 $\boldsymbol{p}$ に関して $\begin{pmatrix} 1 & 0 \\ 0 & -1 \end{pmatrix}$ で表される．　//

問 2　$\boldsymbol{R}^2$ の基底 $\boldsymbol{p}_1 = \begin{pmatrix} 1 \\ 1 \end{pmatrix}$, $\boldsymbol{p}_2 = \begin{pmatrix} -1 \\ 1 \end{pmatrix}$ に関する成分を用いるとき，問 1 の各線形変換はそれぞれどのような行列で表されるか．

1・2　$\boldsymbol{R}^n$ の線形変換

数ベクトル空間 $\boldsymbol{R}^n$ の変換を f とおき，次のように書く．

$$\boldsymbol{x}' = f(\boldsymbol{x}) \quad \text{または} \quad \boldsymbol{x} \longmapsto \boldsymbol{x}'$$

$\boldsymbol{x}'$ を $\boldsymbol{x}$ の f による**像**という．

変換 f が 49 ページ (1) の線形性をもつとき，f を $\boldsymbol{R}^n$ の**線形変換**という．線形性は，ベクトル $\boldsymbol{x}$, $\boldsymbol{y}$ とスカラー λ, μ について

$$f(\lambda\boldsymbol{x} + \mu\boldsymbol{y}) = \lambda f(\boldsymbol{x}) + \mu f(\boldsymbol{y}) \tag{1}$$

が成り立つことと同値である．また

$$f(\boldsymbol{o}) = \boldsymbol{o}$$

であることは，(1) で $\lambda = 0$, $\mu = 0$ とおくことにより示される．

$\boldsymbol{R}^n$ の1つの基底を $\boldsymbol{p} = \{\boldsymbol{p}_j\}$ とするとき，$\boldsymbol{x}$, $\boldsymbol{x}'$ の $\boldsymbol{p}$ に関する成分

$$\begin{pmatrix} x_1 \\ \vdots \\ x_n \end{pmatrix}_{\boldsymbol{p}}, \quad \begin{pmatrix} x_1{}' \\ \vdots \\ x_n{}' \end{pmatrix}_{\boldsymbol{p}} \tag{2}$$

の関係が行列を用いて表されることを示そう．

(2) より

$$\boldsymbol{x}' = f(\boldsymbol{x}) = f(x_1\boldsymbol{p}_1 + \cdots + x_n\boldsymbol{p}_n)$$

線形性 (1) を用いると

$$\boldsymbol{x}' = x_1 f(\boldsymbol{p}_1) + \cdots + x_n f(\boldsymbol{p}_n) \tag{3}$$

$f(\boldsymbol{p}_1)$, $\cdots$, $f(\boldsymbol{p}_n)$ の $\boldsymbol{p}$ に関する成分をそれぞれ

$$\begin{pmatrix} a_{11} \\ \vdots \\ a_{n1} \end{pmatrix}_{\boldsymbol{p}}, \cdots, \begin{pmatrix} a_{1n} \\ \vdots \\ a_{nn} \end{pmatrix}_{\boldsymbol{p}}$$

とおき，(3) を $\boldsymbol{p}$ に関する成分で表すと

$$\begin{pmatrix} x_1{}' \\ \vdots \\ x_n{}' \end{pmatrix}_{\boldsymbol{p}} = x_1 \begin{pmatrix} a_{11} \\ \vdots \\ a_{n1} \end{pmatrix}_{\boldsymbol{p}} + \cdots + x_n \begin{pmatrix} a_{1n} \\ \vdots \\ a_{nn} \end{pmatrix}_{\boldsymbol{p}}$$

$$= \begin{pmatrix} a_{11} & \cdots & a_{1n} \\ \vdots & \vdots & \vdots \\ a_{n1} & \cdots & a_{nn} \end{pmatrix} \begin{pmatrix} x_1 \\ \vdots \\ x_n \end{pmatrix}_{\boldsymbol{p}} \tag{4}$$

(4) の n 次正方行列は $f(\boldsymbol{p}_1)$, $\cdots$, $f(\boldsymbol{p}_n)$ の $\boldsymbol{p}$ に関する成分を並べてできる行列であり，線形変換 f の基底 $\boldsymbol{p}$ に関する**表現行列**という．

線形変換の表現行列

$\boldsymbol{R}^n$ の線形変換 f について，$\boldsymbol{x}' = f(\boldsymbol{x})$ とおく．f の基底 $\boldsymbol{p}$ に関する表現行列，すなわち $f(\boldsymbol{p}_1)$, $f(\boldsymbol{p}_2)$, $\cdots$, $f(\boldsymbol{p}_n)$ の $\boldsymbol{p}$ に関する成分を並べてできる行列を $A = (a_{ij})$ とおくと，次の等式が成り立つ．

$$\begin{pmatrix} x_1{}' \\ \vdots \\ x_n{}' \end{pmatrix}_{\boldsymbol{p}} = A \begin{pmatrix} x_1 \\ \vdots \\ x_n \end{pmatrix}_{\boldsymbol{p}} = \begin{pmatrix} a_{11} & \cdots & a_{1n} \\ \vdots & \vdots & \vdots \\ a_{n1} & \cdots & a_{nn} \end{pmatrix} \begin{pmatrix} x_1 \\ \vdots \\ x_n \end{pmatrix}_{\boldsymbol{p}}$$

(注)　特に，標準基底 $\boldsymbol{e}$ に関する成分は本来の成分と一致するから，f の $\boldsymbol{e}$ に関する表現行列は，$\big(f(\boldsymbol{e}_1) \ \ f(\boldsymbol{e}_2) \ \ \cdots \ \ f(\boldsymbol{e}_n)\big)$ である．

例 2　$\boldsymbol{R}^2$ において，$f(\boldsymbol{e}_1) = 2\boldsymbol{e}_1 + 3\boldsymbol{e}_2$, $f(\boldsymbol{e}_2) = 5\boldsymbol{e}_1 - \boldsymbol{e}_2$ となる線形変換 f の標準基底 $\boldsymbol{e}$ に関する表現行列は　$\big(f(\boldsymbol{e}_1) \ \ f(\boldsymbol{e}_2)\big) = \begin{pmatrix} 2 & 5 \\ 3 & -1 \end{pmatrix}$

問 3　$\boldsymbol{R}^3$ の基底 $\{\boldsymbol{p}_1, \boldsymbol{p}_2, \boldsymbol{p}_3\}$ と線形変換 f について

$$f(\boldsymbol{p}_1) = 2\boldsymbol{p}_1 + \boldsymbol{p}_3,\ f(\boldsymbol{p}_2) = \boldsymbol{p}_1 + \boldsymbol{p}_2 - \boldsymbol{p}_3,\ f(\boldsymbol{p}_3) = \boldsymbol{p}_1 + 2\boldsymbol{p}_2$$

であるとき，f のこの基底に関する表現行列を求めよ．

$\boldsymbol{R}^n$ の線形変換 f の基底 $\boldsymbol{p}$, $\boldsymbol{q}$ に関する表現行列をそれぞれ A, B とする．A と B の関係を求めよう．

53 ページの公式より，$\boldsymbol{p}$, $\boldsymbol{q}$ に関する成分について

$$\begin{pmatrix} x_1{}' \\ \vdots \\ x_n{}' \end{pmatrix}_{\boldsymbol{p}} = A \begin{pmatrix} x_1 \\ \vdots \\ x_n \end{pmatrix}_{\boldsymbol{p}}, \quad \begin{pmatrix} y_1{}' \\ \vdots \\ y_n{}' \end{pmatrix}_{\boldsymbol{q}} = B \begin{pmatrix} y_1 \\ \vdots \\ y_n \end{pmatrix}_{\boldsymbol{q}} \qquad (5)$$

また，$\boldsymbol{p}$ から $\boldsymbol{q}$ への基底の変換行列を P とすると，36 ページの公式より

$$\begin{pmatrix} x_1 \\ \vdots \\ x_n \end{pmatrix}_{\boldsymbol{p}} = P \begin{pmatrix} y_1 \\ \vdots \\ y_n \end{pmatrix}_{\boldsymbol{q}}$$

$$\begin{pmatrix} x_1{}' \\ \vdots \\ x_n{}' \end{pmatrix}_{\boldsymbol{p}} = P \begin{pmatrix} y_1{}' \\ \vdots \\ y_n{}' \end{pmatrix}_{\boldsymbol{q}}$$

$$\begin{array}{ccc} \begin{pmatrix} x_1 \\ \vdots \\ x_n \end{pmatrix}_{\boldsymbol{p}} & \xrightarrow{A} & \begin{pmatrix} x_1{}' \\ \vdots \\ x_n{}' \end{pmatrix}_{\boldsymbol{p}} \\ P \uparrow & \circlearrowright & \uparrow P \\ \begin{pmatrix} y_1 \\ \vdots \\ y_n \end{pmatrix}_{\boldsymbol{q}} & \xrightarrow{B} & \begin{pmatrix} y_1{}' \\ \vdots \\ y_n{}' \end{pmatrix}_{\boldsymbol{q}} \end{array}$$

(5) の第 1 式に代入して

$$P \begin{pmatrix} y_1{}' \\ \vdots \\ y_n{}' \end{pmatrix}_{\boldsymbol{q}} = AP \begin{pmatrix} y_1 \\ \vdots \\ y_n \end{pmatrix}_{\boldsymbol{q}} \qquad (6)$$

(5) の第 2 式と比較して，次の公式が得られる．

基底の変換と線形変換の表現行列

$\boldsymbol{R}^n$ の線形変換 f の基底 $\boldsymbol{p}$, $\boldsymbol{q}$ それぞれに関する表現行列 A, B および $\boldsymbol{p}$ から $\boldsymbol{q}$ への基底の変換行列 P について

$$B = P^{-1}AP$$

例題 2　$\boldsymbol{R}^3$ において，次の正規直交基底をとる．

$$\boldsymbol{p}_1=\frac{1}{\sqrt{6}}\begin{pmatrix}1\\2\\1\end{pmatrix},\quad \boldsymbol{p}_2=\frac{1}{\sqrt{2}}\begin{pmatrix}-1\\0\\1\end{pmatrix},\quad \boldsymbol{p}_3=\frac{1}{\sqrt{3}}\begin{pmatrix}1\\-1\\1\end{pmatrix}$$

原点を通り $\boldsymbol{p}_1$ に平行な直線を軸として，$\boldsymbol{p}_2$ が $\boldsymbol{p}_3$ に移るように $\frac{\pi}{2}$ 回転する線形変換を f とするとき，f の標準基底に関する表現行列を求めよ．

解　$f(\boldsymbol{p}_1)=\boldsymbol{p}_1$，$f(\boldsymbol{p}_2)=\boldsymbol{p}_3$，$f(\boldsymbol{p}_3)=-\boldsymbol{p}_2$ であるから，f の基底 $\boldsymbol{p}=\{\boldsymbol{p}_1,\ \boldsymbol{p}_2,\ \boldsymbol{p}_3\}$ に関する表現行列は

$$B=\begin{pmatrix}1&0&0\\0&0&-1\\0&1&0\end{pmatrix}$$

また，標準基底から $\boldsymbol{p}$ への基底の変換行列は

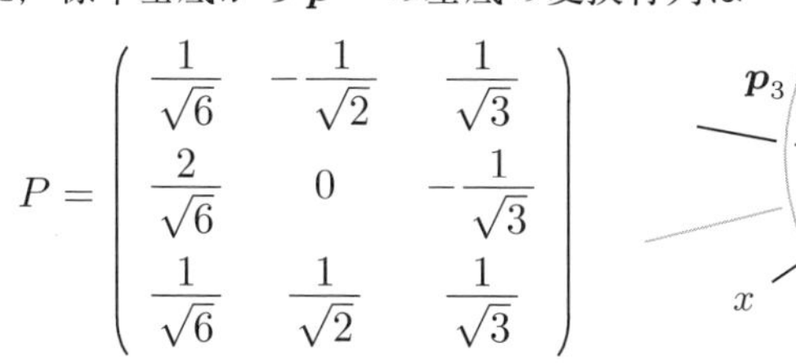

$$P=\begin{pmatrix}\frac{1}{\sqrt{6}}&-\frac{1}{\sqrt{2}}&\frac{1}{\sqrt{3}}\\\frac{2}{\sqrt{6}}&0&-\frac{1}{\sqrt{3}}\\\frac{1}{\sqrt{6}}&\frac{1}{\sqrt{2}}&\frac{1}{\sqrt{3}}\end{pmatrix}$$

したがって，求める表現行列を A とおくと

$$B=P^{-1}AP \text{ より }\quad A=PBP^{-1}$$

P は直交行列であることより，$P^{-1}={}^tP$ となるから

$$A=PB\,{}^tP=\begin{pmatrix}\frac{1}{6}&-\frac{\sqrt{6}-2}{6}&\frac{2\sqrt{6}+1}{6}\\\frac{\sqrt{6}+2}{6}&\frac{2}{3}&-\frac{\sqrt{6}-2}{6}\\-\frac{2\sqrt{6}-1}{6}&\frac{\sqrt{6}+2}{6}&\frac{1}{6}\end{pmatrix}$$

//

問 4　例題 2 において，π 回転する場合の表現行列を求めよ．

§2 固有値と固有ベクトル

2・1 定義と性質

$\boldsymbol{R}^n$ の線形変換 f について

$$f(\boldsymbol{x}) = \lambda\boldsymbol{x} \quad (\boldsymbol{x} \neq \boldsymbol{o}) \qquad (1)$$

を満たすスカラー λ とベクトル $\boldsymbol{x}$ が存在するとき，λ を f の**固有値**といい，$\boldsymbol{x}$ を固有値 λ に対する f の**固有ベクトル**という．

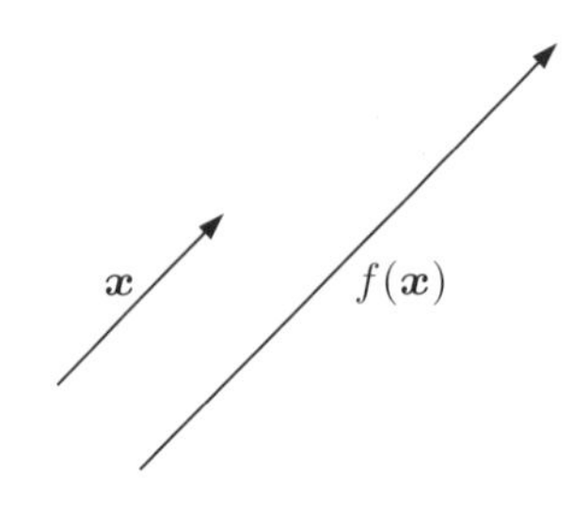

f の標準基底に関する表現行列を A とすると，$f(\boldsymbol{x}) = A\boldsymbol{x}$ より，(1) は

$$A\boldsymbol{x} = \lambda\boldsymbol{x} \quad (\boldsymbol{x} \neq \boldsymbol{o}) \qquad (2)$$

と表される．行列 A について，(2) を満たすスカラー λ とベクトル $\boldsymbol{x}$ をそれぞれ A の**固有値**および固有値 λ に対する A の**固有ベクトル**という．

単位行列 E を用いて，(2) を変形すると

$$A\boldsymbol{x} - \lambda\boldsymbol{x} = A\boldsymbol{x} - \lambda E\boldsymbol{x} = \boldsymbol{o} \quad \text{すなわち} \quad (A - \lambda E)\boldsymbol{x} = \boldsymbol{o} \qquad (3)$$

18ページの正則性の条件から，(3) が $\boldsymbol{o}$ 以外の解をもつ条件は，行列 $A-\lambda E$ が正則でないことであるから

$$|A - \lambda E| = 0 \qquad (4)$$

が成り立つ．(4) は λ に関する方程式である．これを線形変換 f または行列 A の**固有方程式**という．また，(4) の左辺を f または A の**固有多項式**といい，$p_f(\lambda)$ または $p_A(\lambda)$ で表す．f または A の固有値は固有方程式 (4) の解になる．

(注)　$\boldsymbol{R}^n$ の別の基底 $\boldsymbol{p}$ について，標準基底から $\boldsymbol{p}$ への基底の変換行列を P とし，f の $\boldsymbol{p}$ に関する表現行列を B とすると，$B = P^{-1}AP$ より

$$|B - \lambda E| = |P^{-1}AP - \lambda E| = |P^{-1}(A - \lambda E)P| = |A - \lambda E|$$

したがって，f の固有多項式は基底のとり方によらず定まる．

例題 3　$\boldsymbol{R}^2$ の標準基底 $\boldsymbol{e} = \{\boldsymbol{e}_1,\ \boldsymbol{e}_2\}$ について

$$f(\boldsymbol{e}_1) = \boldsymbol{e}_1 + \boldsymbol{e}_2,\ f(\boldsymbol{e}_2) = 2\boldsymbol{e}_1$$

となる線形変換 f の固有値と固有ベクトルを求めよ.

解　f の標準基底 $\boldsymbol{e}$ に関する表現行列は $A = \begin{pmatrix} 1 & 2 \\ 1 & 0 \end{pmatrix}$ であるから

$$p_f(\lambda) = |A - \lambda E| = \begin{vmatrix} 1-\lambda & 2 \\ 1 & -\lambda \end{vmatrix} = \lambda^2 - \lambda - 2 = (\lambda+1)(\lambda-2)$$

$p_f(\lambda) = 0$ より，固有値 $\lambda = -1,\ 2$ が求められる.

$\lambda = -1$ に対する固有ベクトル $\boldsymbol{x}_1$ は，$(A+E)\boldsymbol{x}_1 = \boldsymbol{o}$ より

$$\begin{pmatrix} 2 & 2 \\ 1 & 1 \end{pmatrix}\begin{pmatrix} x_1 \\ x_2 \end{pmatrix} = \begin{pmatrix} 0 \\ 0 \end{pmatrix}$$

これから　$x_1 + x_2 = 0$

よって　$\boldsymbol{x}_1 = c_1\begin{pmatrix} -1 \\ 1 \end{pmatrix}$　$(c_1 \neq 0)$

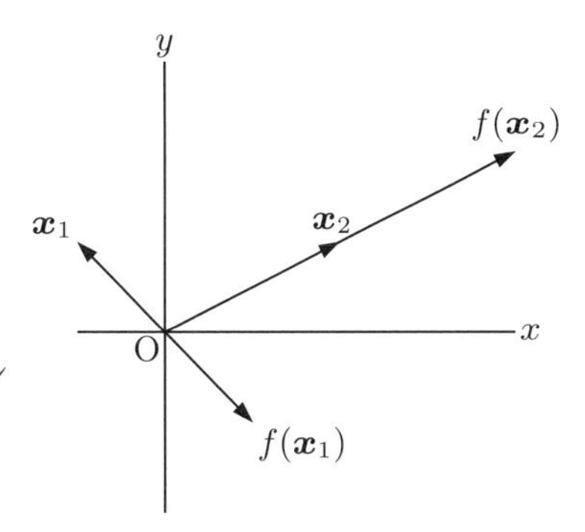

同様に，$\lambda = 2$ に対する固有ベクトル $\boldsymbol{x}_2$ は，$(A-2E)\boldsymbol{x}_2 = \boldsymbol{o}$ より

$$\boldsymbol{x}_2 = c_2\begin{pmatrix} 2 \\ 1 \end{pmatrix} \quad (c_2 \neq 0) \qquad //$$

問 5　$\boldsymbol{R}^2$ において基底 $\boldsymbol{p}_1 = \begin{pmatrix} 2 \\ 3 \end{pmatrix}$，$\boldsymbol{p}_2 = \begin{pmatrix} 1 \\ -2 \end{pmatrix}$ をとるとき

$$f(\boldsymbol{p}_1) = 8\boldsymbol{p}_1 + 5\boldsymbol{p}_2,\ f(\boldsymbol{p}_2) = -10\boldsymbol{p}_1 - 7\boldsymbol{p}_2$$

となる線形変換 f について，次を求めよ.

(1)　f の固有値および固有ベクトルの基底 $\boldsymbol{p} = \{\boldsymbol{p}_1,\ \boldsymbol{p}_2\}$ に関する成分

(2)　固有ベクトルの標準基底に関する成分

$\boldsymbol{R}^n$ の線形変換 f の異なる固有値に対する固有ベクトルは線形独立である．すなわち，固有値 λ_1，λ_2，$\cdots$，λ_m がすべて異なるとき，これらに対する固有ベクトル

$$\boldsymbol{x}_1,\ \boldsymbol{x}_2,\ \cdots,\ \boldsymbol{x}_m$$

は線形独立である．このことを m に関する数学的帰納法で証明しよう．

まず，$m=1$ のとき，$\boldsymbol{x}_1 \neq \boldsymbol{o}$ であるから，明らかに線形独立である．

次に，$\boldsymbol{x}_1$，$\cdots$，$\boldsymbol{x}_k$ の線形独立性を仮定する．$\boldsymbol{x}_1$，$\cdots$，$\boldsymbol{x}_k$，$\boldsymbol{x}_{k+1}$ が線形独立であることを示すために

$$c_1\boldsymbol{x}_1 + \cdots + c_k\boldsymbol{x}_k + c_{k+1}\boldsymbol{x}_{k+1} = \boldsymbol{o} \tag{5}$$

とおき，f の線形性と $f(\boldsymbol{x}_j) = \lambda_j\boldsymbol{x}_j$ $(j=1,\ \cdots,\ k+1)$ を用いると

$$f(c_1\boldsymbol{x}_1 + \cdots + c_k\boldsymbol{x}_k + c_{k+1}\boldsymbol{x}_{k+1}) = f(\boldsymbol{o}) = \boldsymbol{o}$$

$$c_1\lambda_1\boldsymbol{x}_1 + \cdots + c_k\lambda_k\boldsymbol{x}_k + c_{k+1}\lambda_{k+1}\boldsymbol{x}_{k+1} = \boldsymbol{o} \tag{6}$$

一方，(5) の両辺に λ_{k+1} を掛けて

$$c_1\lambda_{k+1}\boldsymbol{x}_1 + \cdots + c_k\lambda_{k+1}\boldsymbol{x}_k + c_{k+1}\lambda_{k+1}\boldsymbol{x}_{k+1} = \boldsymbol{o} \tag{7}$$

(6) と (7) のそれぞれの辺を引くと

$$c_1(\lambda_1 - \lambda_{k+1})\boldsymbol{x}_1 + \cdots + c_k(\lambda_k - \lambda_{k+1})\boldsymbol{x}_k = \boldsymbol{o}$$

$\boldsymbol{x}_1$，$\cdots$，$\boldsymbol{x}_k$ は線形独立であるから

$$c_1(\lambda_1 - \lambda_{k+1}) = 0,\ \cdots,\ c_k(\lambda_k - \lambda_{k+1}) = 0$$

λ_1，$\cdots$，λ_k，λ_{k+1} は異なる値であるから

$$c_1 = 0,\ \cdots,\ c_k = 0$$

(5) に代入して，$\boldsymbol{x}_{k+1} \neq \boldsymbol{o}$ を用いると

$$c_{k+1} = 0$$

したがって，$\boldsymbol{x}_1$，$\cdots$，$\boldsymbol{x}_k$，$\boldsymbol{x}_{k+1}$ は線形独立であることが示された．

固有ベクトルと線形独立

線形変換 f の異なる固有値に対する固有ベクトルは線形独立である．

2·2 行列の対角化

$\boldsymbol{R}^n$ の線形変換 f の固有値は，固有方程式 $p_f(\lambda)=0$ から求められるが，$p_f(\lambda)$ は n 次式であるから，異なる固有値の個数は最大で n である．

いま，f が n 個の異なる実数の固有値

$$\lambda_1,\ \lambda_2,\ \cdots,\ \lambda_n$$

をもつとし，各 λ_j に対する固有ベクトルの 1 つを $\boldsymbol{p}_j$ とする．

このとき，58 ページの性質より，n 個の固有ベクトル

$$\boldsymbol{p}_1,\ \boldsymbol{p}_2,\ \cdots,\ \boldsymbol{p}_n \tag{1}$$

は線形独立であるから，32 ページの条件より，$\boldsymbol{R}^n$ の基底となる．さらに

$$f(\boldsymbol{p}_1)=\lambda_1\boldsymbol{p}_1,\ f(\boldsymbol{p}_2)=\lambda_2\boldsymbol{p}_2,\ \cdots,\ f(\boldsymbol{p}_n)=\lambda_n\boldsymbol{p}_n$$

を満たすから，f の基底 (1) に関する表現行列は次のようになる．

$$B=\begin{pmatrix} \lambda_1 & 0 & \cdots & 0 \\ 0 & \lambda_2 & \cdots & 0 \\ \vdots & \vdots & \ddots & \vdots \\ 0 & 0 & \cdots & \lambda_n \end{pmatrix}$$

線形変換 f の標準基底に関する表現行列を A とする．また，標準基底から (1) への基底の変換行列を $P=(\boldsymbol{p}_1\ \ \boldsymbol{p}_2\ \ \cdots\ \ \boldsymbol{p}_n)$ とおく．このとき，54 ページの公式より

$$P^{-1}AP=B=\begin{pmatrix} \lambda_1 & 0 & \cdots & 0 \\ 0 & \lambda_2 & \cdots & 0 \\ \vdots & \vdots & \ddots & \vdots \\ 0 & 0 & \cdots & \lambda_n \end{pmatrix} \tag{2}$$

が成り立つ．

B は対角行列であり，(2) は，行列 A が正則な行列 P によって**対角化**されることを示している．すなわち，行列 A は**対角化可能**である．

例3　57ページの例題3の f の固有値 -1, 2 に対する固有ベクトルを1つずつとり

$$\boldsymbol{p}_1 = \begin{pmatrix} -1 \\ 1 \end{pmatrix},\ \boldsymbol{p}_2 = \begin{pmatrix} 2 \\ 1 \end{pmatrix},\ P = (\boldsymbol{p}_1\ \ \boldsymbol{p}_2) = \begin{pmatrix} -1 & 2 \\ 1 & 1 \end{pmatrix}$$

とおくと　$P^{-1}AP = \begin{pmatrix} -1 & 0 \\ 0 & 2 \end{pmatrix}$

問6　問5の f の標準基底に関する表現行列 A を対角化せよ．

線形変換 f の標準基底に関する表現行列を A とおく．A の固有方程式が重解をもつ場合でも，固有ベクトルからなる基底を作ることができれば，A は対角化可能である．逆に，対角化可能であれば，固有ベクトルからなる基底が存在する．

例題4　$A = \begin{pmatrix} 5 & 6 & 0 \\ -1 & 0 & 0 \\ 1 & 2 & 2 \end{pmatrix}$ は対角化可能かどうかを調べよ．

解　$|A - \lambda E| = -(\lambda - 2)^2(\lambda - 3)$ より，固有値は　$\lambda = 2$ (2重解), 3

固有値2, 3に対する固有ベクトル $\boldsymbol{x}_1$, $\boldsymbol{x}_2$ をそれぞれ求めると

$$\boldsymbol{x}_1 = c_1\begin{pmatrix} 0 \\ 0 \\ 1 \end{pmatrix} + c_2\begin{pmatrix} -2 \\ 1 \\ 0 \end{pmatrix} = c_1\boldsymbol{p}_1 + c_2\boldsymbol{p}_2\ ,\quad \boldsymbol{x}_2 = c_3\begin{pmatrix} 3 \\ -1 \\ 1 \end{pmatrix} = c_3\boldsymbol{p}_3$$

$P = (\boldsymbol{p}_1\ \ \boldsymbol{p}_2\ \ \boldsymbol{p}_3)$ とおくと，$|P| = -1 \neq 0$ より，P は正則である．

よって，$\{\boldsymbol{p}_1,\ \boldsymbol{p}_2,\ \boldsymbol{p}_3\}$ は基底となるから，A は対角化可能である．　//

問7　$B = \begin{pmatrix} 1 & 1 \\ 0 & 1 \end{pmatrix}$ は対角化可能かどうかを調べよ．

2・3　対称行列の直交行列による対角化

A は対称行列，すなわち ${}^tA = A$ を満たす行列とする．このとき，15 ページの転置行列の性質 ${}^t(AB) = {}^tB\,{}^tA$ および内積について

$$\boldsymbol{x} \cdot \boldsymbol{y} = {}^t\boldsymbol{x}\,\boldsymbol{y} \tag{1}$$

が成り立つことを用いると，任意のベクトル $\boldsymbol{x}$, $\boldsymbol{y}$ について

$$A\boldsymbol{x} \cdot \boldsymbol{y} = \boldsymbol{x} \cdot A\boldsymbol{y} \tag{2}$$

であることが次のように示される．

$$A\boldsymbol{x} \cdot \boldsymbol{y} = {}^t(A\boldsymbol{x})\,\boldsymbol{y} = {}^t\boldsymbol{x}\,{}^tA\,\boldsymbol{y} = {}^t\boldsymbol{x}\,A\,\boldsymbol{y} = \boldsymbol{x} \cdot A\boldsymbol{y}$$

対称行列の固有値と固有ベクトルについて，次の性質が成り立つ．

対称行列の固有値と固有ベクトル

対称行列 A の固有値と固有ベクトルについて，次が成り立つ．

（Ⅰ）　固有値はすべて実数である．

（Ⅱ）　異なる固有値に対する固有ベクトルは直交する．

証明　（Ⅰ）は，109 ページで示すこととし，（Ⅱ）を証明する．

$\boldsymbol{x}$, $\boldsymbol{y}$ を A の異なる固有値 λ, μ に対する固有ベクトルとすると

$$A\boldsymbol{x} = \lambda\boldsymbol{x},\ A\boldsymbol{y} = \mu\boldsymbol{y}$$

(2) の両辺に代入して

$$\lambda\boldsymbol{x} \cdot \boldsymbol{y} = \boldsymbol{x} \cdot \mu\boldsymbol{y} \quad \text{すなわち} \quad (\lambda - \mu)\,\boldsymbol{x} \cdot \boldsymbol{y} = 0$$

$\lambda - \mu \neq 0$ より，$\boldsymbol{x} \cdot \boldsymbol{y} = 0$ が得られる．　//

上の性質（Ⅱ）より，n 次対称行列 A の固有値 λ_1, λ_2, $\cdots$, λ_n がすべて異なっていれば，固有ベクトルからなる正規直交基底 $\{\boldsymbol{p}_1, \boldsymbol{p}_2, \cdots, \boldsymbol{p}_n\}$ を作ることができるから，59 ページの P は直交行列となり，A の対角化は

$${}^tP\,AP = B \quad (B \text{ は対角行列}) \tag{3}$$

と表される．

例 4　対称行列 $A=\begin{pmatrix}-1 & 3\\ 3 & -1\end{pmatrix}$ について

$$|A-\lambda E|=(\lambda-2)(\lambda+4) \text{ より，固有値は } 2,\ -4$$

各固有値に対する固有ベクトルで大きさが1のものはそれぞれ

$$\boldsymbol{p}_1=\frac{1}{\sqrt{2}}\begin{pmatrix}1\\ 1\end{pmatrix},\quad \boldsymbol{p}_2=\frac{1}{\sqrt{2}}\begin{pmatrix}-1\\ 1\end{pmatrix}$$

A は直交行列 $P=(\boldsymbol{p}_1\ \ \boldsymbol{p}_2)$ によって，次のように対角化される．

$$^tP\,AP=\begin{pmatrix}\frac{1}{\sqrt{2}} & \frac{1}{\sqrt{2}}\\ -\frac{1}{\sqrt{2}} & \frac{1}{\sqrt{2}}\end{pmatrix}A\begin{pmatrix}\frac{1}{\sqrt{2}} & -\frac{1}{\sqrt{2}}\\ \frac{1}{\sqrt{2}} & \frac{1}{\sqrt{2}}\end{pmatrix}=\begin{pmatrix}2 & 0\\ 0 & -4\end{pmatrix}$$

問 8　対称行列 $B=\begin{pmatrix}1 & 2\\ 2 & 4\end{pmatrix}$ を直交行列で対角化せよ．

n 次対称行列については，固有方程式が重解をもつときでも対角化可能である．このことを $n=2,\ 3$ の場合に示そう．

まず，2次対称行列 A の1つの固有値 λ_1 と λ_1 に対する固有ベクトル $\boldsymbol{p}_1$ を含む $\boldsymbol{R}^2$ の正規直交基底 $\{\boldsymbol{p}_1,\ \boldsymbol{p}_2\}$ をとり，$P=(\boldsymbol{p}_1\ \ \boldsymbol{p}_2)$ とおくと

$$^tP\,A\,P=\begin{pmatrix}{}^t\boldsymbol{p}_1\\ {}^t\boldsymbol{p}_2\end{pmatrix}(A\boldsymbol{p}_1\ \ A\boldsymbol{p}_2)=\begin{pmatrix}\boldsymbol{p}_1\cdot A\boldsymbol{p}_1 & \boldsymbol{p}_1\cdot A\boldsymbol{p}_2\\ \boldsymbol{p}_2\cdot A\boldsymbol{p}_1 & \boldsymbol{p}_2\cdot A\boldsymbol{p}_2\end{pmatrix}$$

$$=\begin{pmatrix}\boldsymbol{p}_1\cdot A\boldsymbol{p}_1 & A\boldsymbol{p}_1\cdot \boldsymbol{p}_2\\ \boldsymbol{p}_2\cdot A\boldsymbol{p}_1 & \boldsymbol{p}_2\cdot A\boldsymbol{p}_2\end{pmatrix}=\begin{pmatrix}\boldsymbol{p}_1\cdot \lambda_1\boldsymbol{p}_1 & \lambda_1\boldsymbol{p}_1\cdot \boldsymbol{p}_2\\ \boldsymbol{p}_2\cdot \lambda_1\boldsymbol{p}_1 & \boldsymbol{p}_2\cdot A\boldsymbol{p}_2\end{pmatrix}$$

$$=\begin{pmatrix}\lambda_1 & 0\\ 0 & \boldsymbol{p}_2\cdot A\boldsymbol{p}_2\end{pmatrix}$$

したがって，A は直交行列 P によって対角化可能である．

3次対称行列 A についても同様に，1つの固有値 λ_1 と λ_1 に対する固有べ

クトル $\boldsymbol{p}_1$ を含む $\boldsymbol{R}^3$ の正規直交基底 $\{\boldsymbol{p}_1, \boldsymbol{p}_2, \boldsymbol{p}_3\}$ をとり，$P=(\boldsymbol{p}_1\ \ \boldsymbol{p}_2\ \ \boldsymbol{p}_3)$ とおくと

$$
{}^tPAP = \begin{pmatrix} {}^t\boldsymbol{p}_1 \\ {}^t\boldsymbol{p}_2 \\ {}^t\boldsymbol{p}_3 \end{pmatrix} (A\boldsymbol{p}_1\ \ A\boldsymbol{p}_2\ \ A\boldsymbol{p}_3) = \begin{pmatrix} \boldsymbol{p}_1\cdot A\boldsymbol{p}_1 & \boldsymbol{p}_1\cdot A\boldsymbol{p}_2 & \boldsymbol{p}_1\cdot A\boldsymbol{p}_3 \\ \boldsymbol{p}_2\cdot A\boldsymbol{p}_1 & \boldsymbol{p}_2\cdot A\boldsymbol{p}_2 & \boldsymbol{p}_2\cdot A\boldsymbol{p}_3 \\ \boldsymbol{p}_3\cdot A\boldsymbol{p}_1 & \boldsymbol{p}_3\cdot A\boldsymbol{p}_2 & \boldsymbol{p}_3\cdot A\boldsymbol{p}_3 \end{pmatrix}
$$

$$
= \begin{pmatrix} \lambda_1 & 0 & 0 \\ 0 & \boldsymbol{p}_2\cdot A\boldsymbol{p}_2 & \boldsymbol{p}_2\cdot A\boldsymbol{p}_3 \\ 0 & \boldsymbol{p}_3\cdot A\boldsymbol{p}_2 & \boldsymbol{p}_3\cdot A\boldsymbol{p}_3 \end{pmatrix}
$$

$A_2 = \begin{pmatrix} \boldsymbol{p}_2\cdot A\boldsymbol{p}_2 & \boldsymbol{p}_2\cdot A\boldsymbol{p}_3 \\ \boldsymbol{p}_3\cdot A\boldsymbol{p}_2 & \boldsymbol{p}_3\cdot A\boldsymbol{p}_3 \end{pmatrix}$ とおくと，A_2 は 2 次対称行列であるから，適当な 2 次直交行列 Q_2 により対角化することができる．そこで

$$
Q = \begin{pmatrix} 1 & 0 & 0 \\ 0 & & \\ & & Q_2 \\ 0 & & \end{pmatrix}
$$

とおくと

$$
{}^tQ\,{}^tPAPQ = \begin{pmatrix} 1 & 0 & 0 \\ 0 & & \\ & {}^tQ_2 & \\ 0 & & \end{pmatrix} \begin{pmatrix} \lambda_1 & 0 & 0 \\ 0 & & \\ & A_2 & \\ 0 & & \end{pmatrix} \begin{pmatrix} 1 & 0 & 0 \\ 0 & & \\ & Q_2 & \\ 0 & & \end{pmatrix}
$$

$$
= \begin{pmatrix} 1 & 0 & 0 \\ 0 & & \\ & {}^tQ_2 & \\ 0 & & \end{pmatrix} \begin{pmatrix} \lambda_1 & 0 & 0 \\ 0 & & \\ & A_2Q_2 & \\ 0 & & \end{pmatrix} = \begin{pmatrix} \lambda_1 & 0 & 0 \\ 0 & & \\ & {}^tQ_2A_2Q_2 & \\ 0 & & \end{pmatrix}
$$

${}^tQ_2A_2Q_2$ は対角行列であるから，A は PQ により対角化可能である．

対称行列の直交行列による対角化

対称行列は直交行列により対角化可能である．

2・4　応用

t を変数とする未知関数 $x_1(t)$, $x_2(t)$ に関する連立微分方程式

$$\frac{dx_1}{dt} = -x_1 + 3x_2,\ \frac{dx_2}{dt} = 3x_1 - x_2 \tag{1}$$

は，行列を用いて次のように表される．

$$\frac{d}{dt}\begin{pmatrix} x_1 \\ x_2 \end{pmatrix} = \begin{pmatrix} -1 & 3 \\ 3 & -1 \end{pmatrix}\begin{pmatrix} x_1 \\ x_2 \end{pmatrix} = A\begin{pmatrix} x_1 \\ x_2 \end{pmatrix} \tag{2}$$

右辺の行列 A は62ページの例4で扱った対称行列である．また，正規直交基底 $\boldsymbol{p} = \{\boldsymbol{p}_1, \boldsymbol{p}_2\}$ について，$P = (\boldsymbol{p}_1\ \ \boldsymbol{p}_2)$ は，標準基底から $\boldsymbol{p}$ への基底の変換行列で

$$\begin{pmatrix} x_1 \\ x_2 \end{pmatrix} = P\begin{pmatrix} y_1 \\ y_2 \end{pmatrix}_{\boldsymbol{p}} \tag{3}$$

の関係が成り立つ．

(2) に代入して，両辺に左から $P^{-1} = {}^tP$ をかけると

$$\frac{d}{dt}\begin{pmatrix} y_1 \\ y_2 \end{pmatrix} = {}^tP\,A\,P\begin{pmatrix} y_1 \\ y_2 \end{pmatrix} = \begin{pmatrix} 2 & 0 \\ 0 & -4 \end{pmatrix}\begin{pmatrix} y_1 \\ y_2 \end{pmatrix}$$

これから

$$\frac{dy_1}{dt} = 2y_1,\ \frac{dy_2}{dt} = -4y_2$$

したがって，y_1, y_2 についての解

$$y_1 = c_1e^{2t},\ y_2 = c_2e^{-4t} \tag{4}$$

が得られる．

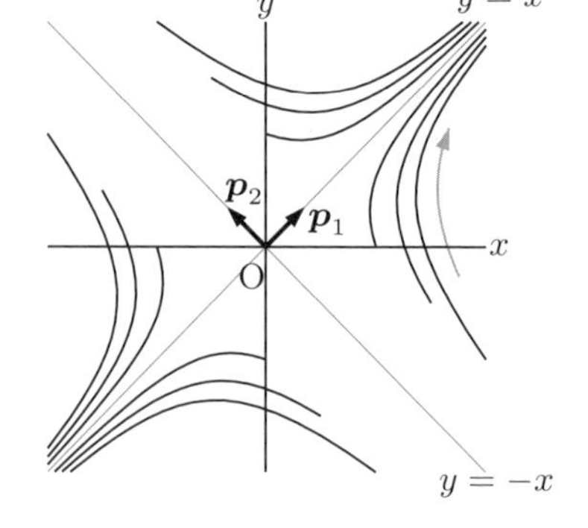

（注）　(4) より，$\lim_{t \to \infty} y_2 = 0$ となるから，(1) の解で表される曲線は，$t \to \infty$ のとき直線 $y = x$ に漸近する．

問9　次の連立微分方程式について，(4) と同様な式を導け．

$$\frac{dx_1}{dt} = -3x_1 + 2x_2,\ \frac{dx_2}{dt} = 2x_1 - 3x_2$$

§3 線形写像

数ベクトル空間 $\boldsymbol{R}^n$ の線形変換は，$\boldsymbol{R}^n$ のベクトル $\boldsymbol{x}$ から同じ $\boldsymbol{R}^n$ のベクトル $\boldsymbol{x}'$ への対応であった．同様に，n, m を正の整数として，$\boldsymbol{R}^n$ のベクトル $\boldsymbol{x}$ から $\boldsymbol{R}^m$ のベクトル $\boldsymbol{x}'$ への対応を考えることができる．この対応を，線形変換と同様に，次のように書くことにする．

$$\boldsymbol{x}' = f(\boldsymbol{x}) \quad \text{または} \quad \boldsymbol{x} \longmapsto \boldsymbol{x}' \tag{1}$$

(1) が線形性，すなわち，任意のベクトル $\boldsymbol{x}$, $\boldsymbol{y}$ とスカラー λ について

$$\begin{aligned} f(\boldsymbol{x}+\boldsymbol{y}) &= f(\boldsymbol{x}) + f(\boldsymbol{y}) \\ f(\lambda\boldsymbol{x}) &= \lambda f(\boldsymbol{x}) \end{aligned} \tag{2}$$

を満たすとき，f を $\boldsymbol{R}^n$ から $\boldsymbol{R}^m$ への**線形写像**という．

例5　$A = \begin{pmatrix} a_{11} & a_{12} & a_{13} \\ a_{21} & a_{22} & a_{23} \end{pmatrix}$ とするとき，$\boldsymbol{R}^3$ のベクトル $\boldsymbol{x}$ について，$\boldsymbol{x}' = f(\boldsymbol{x}) = A\boldsymbol{x}$ と定めると，f は $\boldsymbol{R}^3$ から $\boldsymbol{R}^2$ への線形写像となる．

53 ページと同様に，次の公式が成り立つ．

線形写像の表現行列

$\boldsymbol{R}^n$ の基底 $\boldsymbol{p}$ と $\boldsymbol{R}^m$ の基底 $\boldsymbol{p}'$ をとる．$\boldsymbol{R}^n$ から $\boldsymbol{R}^m$ への線形写像 f について，$\boldsymbol{x}' = f(\boldsymbol{x})$ とおく．$f(\boldsymbol{p}_1)$, $f(\boldsymbol{p}_2)$, $\cdots$, $f(\boldsymbol{p}_n)$ の $\boldsymbol{p}'$ に関する成分を並べてできる $m \times n$ 行列を $A = (a_{ij})$ とおくと

$$\begin{pmatrix} x_1{}' \\ x_2{}' \\ \vdots \\ x_m{}' \end{pmatrix}_{\boldsymbol{p}'} = A \begin{pmatrix} x_1 \\ x_2 \\ \vdots \\ x_n \end{pmatrix}_{\boldsymbol{p}} = \begin{pmatrix} a_{11} & a_{12} & \cdots & a_{1n} \\ a_{21} & a_{22} & \cdots & a_{2n} \\ \vdots & \vdots & \cdots & \vdots \\ a_{m1} & a_{m2} & \cdots & a_{mn} \end{pmatrix} \begin{pmatrix} x_1 \\ x_2 \\ \vdots \\ x_n \end{pmatrix}_{\boldsymbol{p}}$$

A を線形写像 f の基底 $\boldsymbol{p}$, $\boldsymbol{p}'$ に関する**表現行列**という．

（注）特に，標準基底に関する成分は本来の成分と一致するから，f の $\boldsymbol{e}$, $\boldsymbol{e}'$ に関する表現行列は，$\begin{pmatrix} f(\boldsymbol{e}_1) & f(\boldsymbol{e}_2) & \cdots & f(\boldsymbol{e}_n) \end{pmatrix}$ である．

例 6　$\boldsymbol{x} = \begin{pmatrix} x_1 \\ x_2 \\ x_3 \end{pmatrix}$ に $\boldsymbol{x}' = \begin{pmatrix} x_1 \\ x_2 \end{pmatrix}$ を対応させる線形写像 f の標準基底に関する表現行列は $\begin{pmatrix} 1 & 0 & 0 \\ 0 & 1 & 0 \end{pmatrix}$ である．f を $\boldsymbol{R}^3$ から $\boldsymbol{R}^2$ への**射影**という．

例 7　$\boldsymbol{x} = \begin{pmatrix} x_1 \\ x_2 \end{pmatrix}$ に $\boldsymbol{x}' = \begin{pmatrix} x_1 \\ x_2 \\ 0 \end{pmatrix}$ を対応させる線形写像 g の標準基底に関する表現行列は $\begin{pmatrix} 1 & 0 \\ 0 & 1 \\ 0 & 0 \end{pmatrix}$ である．g を $\boldsymbol{R}^2$ から $\boldsymbol{R}^3$ への**埋め込み**という．

問 10　$\boldsymbol{R}^2$ の基底 $\{\boldsymbol{p}_1,\ \boldsymbol{p}_2\}$ と $\boldsymbol{R}^3$ の基底 $\{\boldsymbol{p}_1',\ \boldsymbol{p}_2',\ \boldsymbol{p}_3'\}$ について

$$f(\boldsymbol{p}_1) = 3\boldsymbol{p}_1' - \boldsymbol{p}_3',\quad f(\boldsymbol{p}_2) = \boldsymbol{p}_1' + 2\boldsymbol{p}_2'$$

である線形写像 f のこれらの基底に関する表現行列を求めよ．

$\boldsymbol{R}^n$, $\boldsymbol{R}^m$ の基底の変換行列と線形写像の表現行列について，54ページと同様にして，次の公式が得られる．

基底の変換と線形写像の表現行列

$\boldsymbol{R}^n$ から $\boldsymbol{R}^m$ への線形写像 f の基底 $\boldsymbol{p}$, $\boldsymbol{p}'$ に関する表現行列を A, 基底 $\boldsymbol{q}$, $\boldsymbol{q}'$ に関する表現行列を B とする．$\boldsymbol{p}$ から $\boldsymbol{q}$ および $\boldsymbol{p}'$ から $\boldsymbol{q}'$ への基底の変換行列をそれぞれ P, Q とするとき

$$B = Q^{-1}AP$$

$$\begin{array}{ccc}
\begin{pmatrix} x_1 \\ \vdots \\ x_n \end{pmatrix}_{\boldsymbol{p}} & \xrightarrow{\quad A \quad} & \begin{pmatrix} x_1{}' \\ \vdots \\ x_m{}' \end{pmatrix}_{\boldsymbol{p}'} \\
P \uparrow & \circlearrowright & \uparrow Q \\
\begin{pmatrix} y_1 \\ \vdots \\ y_n \end{pmatrix}_{\boldsymbol{q}} & \xrightarrow{\quad B \quad} & \begin{pmatrix} y_1{}' \\ \vdots \\ y_m{}' \end{pmatrix}_{\boldsymbol{q}'}
\end{array}$$

問 11　$\boldsymbol{R}^4$ において，正規直交基底

$$\boldsymbol{p}_1 = \frac{1}{2}\begin{pmatrix} 1 \\ 1 \\ 1 \\ 1 \end{pmatrix},\ \boldsymbol{p}_2 = \frac{1}{2}\begin{pmatrix} 1 \\ -1 \\ 1 \\ -1 \end{pmatrix},\ \boldsymbol{p}_3 = \frac{1}{\sqrt{2}}\begin{pmatrix} 1 \\ 0 \\ -1 \\ 0 \end{pmatrix},\ \boldsymbol{p}_4 = \frac{1}{\sqrt{2}}\begin{pmatrix} 0 \\ 1 \\ 0 \\ -1 \end{pmatrix}$$

をとる．$\boldsymbol{R}^4$ から $\boldsymbol{R}^2$ への線形写像 f の標準基底 $\boldsymbol{e}$，$\boldsymbol{e}'$ に関する表現行列が $\begin{pmatrix} 1 & -1 & 0 & 1 \\ 0 & 2 & 3 & 1 \end{pmatrix}$ のとき，f の $\boldsymbol{p}$，$\boldsymbol{e}'$ に関する表現行列を求めよ．

空間内の 2 つのベクトルのなす角は，それらを含む平面内で考えることができる．このことは，$\boldsymbol{R}^n$ のベクトルでも同様である．線形独立である $\boldsymbol{R}^n$ の 2 つのベクトル $\boldsymbol{a}_1$，$\boldsymbol{a}_2$ について確かめよう．

$\boldsymbol{R}^n$ の正規直交基底 $\boldsymbol{p} = \{\boldsymbol{p}_1,\ \boldsymbol{p}_2,\ \cdots,\ \boldsymbol{p}_n\}$ を，$\boldsymbol{a}_1$，$\boldsymbol{a}_2$ が $\boldsymbol{p}_1$，$\boldsymbol{p}_2$ の線形結合で表されるようにとる．実際には $\boldsymbol{a}_1$，$\boldsymbol{a}_2$ を含む基底 $\{\boldsymbol{a}_1,\ \boldsymbol{a}_2,\ \cdots,\ \boldsymbol{a}_n\}$ から，グラム・シュミットの直交化により正規直交基底 $\boldsymbol{p}$ を作ればよい．

$\boldsymbol{R}^2$ の標準基底 $\{\boldsymbol{e}_1,\ \boldsymbol{e}_2\}$ を使い

$$f(\boldsymbol{p}_1)=\boldsymbol{e}_1,\ f(\boldsymbol{p}_2)=\boldsymbol{e}_2,\ f(\boldsymbol{p}_3)=\boldsymbol{o},\ \cdots,\ f(\boldsymbol{p}_n)=\boldsymbol{o}$$

によって，$\boldsymbol{R}^n$ から $\boldsymbol{R}^2$ への線形写像 f を定める．

$\boldsymbol{a}_1,\ \boldsymbol{a}_2$ を含む平面内のベクトル $\boldsymbol{x},\ \boldsymbol{y}$ は

$$\boldsymbol{x}=\lambda_1\boldsymbol{p}_1+\lambda_2\boldsymbol{p}_2,\ \boldsymbol{y}=\mu_1\boldsymbol{p}_1+\mu_2\boldsymbol{p}_2$$

と表される．これらに対し

$$f(\boldsymbol{x})=\lambda_1\boldsymbol{e}_1+\lambda_2\boldsymbol{e}_2,\ f(\boldsymbol{y})=\mu_1\boldsymbol{e}_1+\mu_2\boldsymbol{e}_2$$

となるから

$$\boldsymbol{x}\cdot\boldsymbol{y}=(\lambda_1\boldsymbol{p}_1+\lambda_2\boldsymbol{p}_2)\cdot(\mu_1\boldsymbol{p}_1+\mu_2\boldsymbol{p}_2)=\lambda_1\mu_1+\lambda_2\mu_2$$

$$f(\boldsymbol{x})\cdot f(\boldsymbol{y})=(\lambda_1\boldsymbol{e}_1+\lambda_2\boldsymbol{e}_2)\cdot(\mu_1\boldsymbol{e}_1+\mu_2\boldsymbol{e}_2)=\lambda_1\mu_1+\lambda_2\mu_2$$

より，$\boldsymbol{x}\cdot\boldsymbol{y}=f(\boldsymbol{x})\cdot f(\boldsymbol{y})$ が成り立つ．特に，$\boldsymbol{x}$ と $f(\boldsymbol{x})$ の大きさは等しい．

$\boldsymbol{a}_1{}'=f(\boldsymbol{a}_1),\ \boldsymbol{a}_2{}'=f(\boldsymbol{a}_2)$ とおくと

$$|\boldsymbol{a}_1|=|\boldsymbol{a}_1{}'|,\ |\boldsymbol{a}_2|=|\boldsymbol{a}_2{}'|,\ |\boldsymbol{a}_1-\boldsymbol{a}_2|=|\boldsymbol{a}_1{}'-\boldsymbol{a}_2{}'|$$

が成り立つ．3辺の長さが等しい三角形は合同であるから，$\boldsymbol{a}_1$ と $\boldsymbol{a}_2$ のなす角は $\boldsymbol{a}_1{}'$ と $\boldsymbol{a}_2{}'$ のなす角と等しい．これを θ とする．$\boldsymbol{a}_1{}'$ と $\boldsymbol{a}_2{}'$ は平面 $\boldsymbol{R}^2$ 内のベクトルであるから，内積の定義より

$$\boldsymbol{a}_1{}'\cdot\boldsymbol{a}_2{}'=|\boldsymbol{a}_1{}'|\,|\boldsymbol{a}_2{}'|\cos\theta$$

このことと，$|\boldsymbol{a}_1|=|\boldsymbol{a}_1{}'|,\ |\boldsymbol{a}_2|=|\boldsymbol{a}_2{}'|,\ \boldsymbol{a}_1\cdot\boldsymbol{a}_2=\boldsymbol{a}_1{}'\cdot\boldsymbol{a}_2{}'$ から，θ は

$$\cos\theta=\frac{\boldsymbol{a}_1{}'\cdot\boldsymbol{a}_2{}'}{|\boldsymbol{a}_1{}'|\,|\boldsymbol{a}_2{}'|}=\frac{\boldsymbol{a}_1\cdot\boldsymbol{a}_2}{|\boldsymbol{a}_1|\,|\boldsymbol{a}_2|}$$

を満たすことがわかる．39ページでは，この式を満たす θ として，$\boldsymbol{a}_1$ と $\boldsymbol{a}_2$ のなす角を定義したが，それは，以上のように図形的に考えたものと一致している．

練習問題

1. $\boldsymbol{R}^2$ において，基底 $\boldsymbol{p}_1 = \begin{pmatrix} 1 \\ 2 \end{pmatrix}$，$\boldsymbol{p}_2 = \begin{pmatrix} 2 \\ 1 \end{pmatrix}$ をとる．線形変換 f が $f(\boldsymbol{p}_1) = 2\boldsymbol{p}_1 + 3\boldsymbol{p}_2$，$f(\boldsymbol{p}_2) = \boldsymbol{p}_1 + 4\boldsymbol{p}_2$ を満たすとき，次の問いに答えよ．

(1) f の基底 $\boldsymbol{p} = \{\boldsymbol{p}_1, \boldsymbol{p}_2\}$ に関する表現行列 A を求めよ．

(2) f の固有値，および固有ベクトルの基底 $\boldsymbol{p}$ に関する成分を求めよ．

(3) f の標準基底 $\boldsymbol{e}$ に関する表現行列 B および固有ベクトルの $\boldsymbol{e}$ に関する成分を求めよ．

2. 対称行列 $A = \begin{pmatrix} 3 & 2 & 2 \\ 2 & 3 & 2 \\ 2 & 2 & 3 \end{pmatrix}$ について，次の問いに答えよ．

(1) A の固有値と固有ベクトルを求めよ．

(2) A を直交行列で対角化せよ．

3. $\boldsymbol{R}^2$ から $\boldsymbol{R}^3$ への次の線形写像 f について，以下の問いに答えよ．

$$\begin{pmatrix} x_1 \\ x_2 \end{pmatrix} \longmapsto \begin{pmatrix} 2x_1 + x_2 \\ x_1 - 3x_2 \\ x_1 + x_2 \end{pmatrix}$$

(1) f の $\boldsymbol{R}^2$ の標準基底と $\boldsymbol{R}^3$ の標準基底に関する表現行列 A を求めよ．

(2) $\boldsymbol{R}^2$ の基底 $\left\{\begin{pmatrix} 1 \\ 1 \end{pmatrix}, \begin{pmatrix} 1 \\ -1 \end{pmatrix}\right\}$，$\boldsymbol{R}^3$ の基底 $\left\{\begin{pmatrix} 1 \\ 0 \\ 0 \end{pmatrix}, \begin{pmatrix} 1 \\ 1 \\ 0 \end{pmatrix}, \begin{pmatrix} 1 \\ 0 \\ 1 \end{pmatrix}\right\}$ に関する f の表現行列 B を求めよ．

4章 部分空間

平面および空間のベクトルの集合は，数ベクトル空間として，それぞれ

$$\boldsymbol{R}^2=\left\{\begin{pmatrix}x_1\\x_2\end{pmatrix}\middle|\,x_1,\ x_2\in\boldsymbol{R}\right\},\ \boldsymbol{R}^3=\left\{\begin{pmatrix}x_1\\x_2\\x_3\end{pmatrix}\middle|\,x_1,\ x_2,\ x_3\in\boldsymbol{R}\right\}$$

と表された．また，いずれも和とスカラー倍の演算が自然に定義された．

いま，$\boldsymbol{R}^3$ の部分集合 W を

$$W=\left\{\begin{pmatrix}x_1\\x_2\\0\end{pmatrix}\middle|\,x_1,\ x_2\in\boldsymbol{R}\right\}$$

で定めると

$$\boldsymbol{x}_1,\ \boldsymbol{x}_2,\ \boldsymbol{x}\in W,\ \lambda\in\boldsymbol{R}\ ならば\quad \boldsymbol{x}_1+\boldsymbol{x}_2\in W,\ \lambda\boldsymbol{x}\in W \qquad (1)$$

となる．のみならず，$\boldsymbol{R}^2$ から $\boldsymbol{R}^3$ への自然な線形写像によって，$\boldsymbol{R}^2$ のベクトルと W のベクトルが，1対1に対応すると同時に，それらの和とスカラー倍も対応している．すなわち，$\boldsymbol{R}^3$ の部分集合 W 自体を1つの数ベクトル空間とみなすことができる．このような W を $\boldsymbol{R}^3$ の**部分空間**という．和とスカラー倍は既に定義されているから，(1) が部分空間であるための条件である．

本章では，$\boldsymbol{R}^n$ の部分空間の基底や次元などが $\boldsymbol{R}^n$ と同様に定義されることを述べる．

§1 部分空間の定義

$\boldsymbol{R}^n$ の線形変換 f をとり，スカラー λ について，$f(\boldsymbol{x}) = \lambda\boldsymbol{x}$ を満たす $\boldsymbol{R}^n$ のベクトル全体を W_λ とおく．

$$W_\lambda = \{\boldsymbol{x} \mid f(\boldsymbol{x}) = \lambda\boldsymbol{x}\} \tag{1}$$

λ が f の固有値であるときは，W_λ は固有値 λ に対する固有ベクトルと $\boldsymbol{o}$ を合わせた集合であり，そうでないときは，$W_\lambda = \{\boldsymbol{o}\}$ となる．

例 1 60 ページの例題 4 の行列 A で表される線形変換について

$$W_2 = \left\{ c_1 \begin{pmatrix} 0 \\ 0 \\ 1 \end{pmatrix} + c_2 \begin{pmatrix} -2 \\ 1 \\ 0 \end{pmatrix} \middle| \; c_1,\ c_2 \in \boldsymbol{R} \right\}$$

$$W_3 = \left\{ c_3 \begin{pmatrix} 3 \\ -1 \\ 1 \end{pmatrix} \middle| \; c_3 \in \boldsymbol{R} \right\}$$

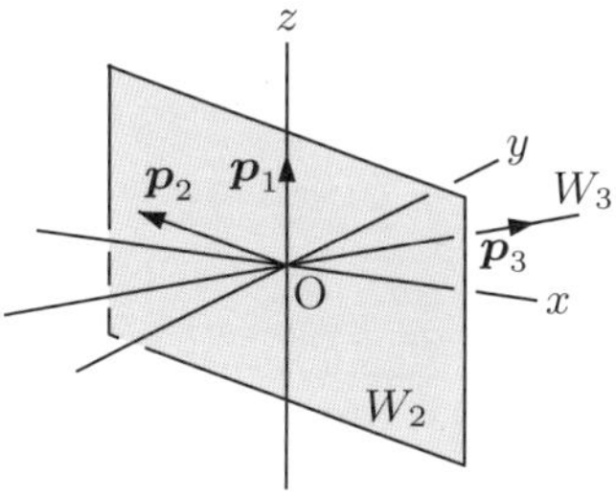

また，$\lambda \neq 2,\ 3$ のとき，$W_\lambda = \{\boldsymbol{o}\}$ である．

W_λ に属する任意のベクトル $\boldsymbol{x}_1$，$\boldsymbol{x}_2$ の線形結合 $c_1\boldsymbol{x}_1 + c_2\boldsymbol{x}_2$ を作ると，f が線形変換であることから

$$\begin{aligned} f(c_1\boldsymbol{x}_1 + c_2\boldsymbol{x}_2) &= c_1 f(\boldsymbol{x}_1) + c_2 f(\boldsymbol{x}_2) \\ &= c_1\lambda\boldsymbol{x}_1 + c_2\lambda\boldsymbol{x}_2 = \lambda(c_1\boldsymbol{x}_1 + c_2\boldsymbol{x}_2) \end{aligned}$$

したがって，$c_1\boldsymbol{x}_1 + c_2\boldsymbol{x}_2$ も W_λ に属することがわかる．

一般に，$\boldsymbol{R}^n$ の空でない部分集合 W が

$$\begin{aligned} &\boldsymbol{x}_1 \in W,\ \boldsymbol{x}_2 \in W \text{ ならば } \quad \boldsymbol{x}_1 + \boldsymbol{x}_2 \in W \\ &\boldsymbol{x} \in W \text{ で } \lambda \text{ がスカラーならば } \quad \lambda\boldsymbol{x} \in W \end{aligned} \tag{2}$$

を満たすとき，W を $\boldsymbol{R}^n$ の**部分空間**という．

(2) は，和 $\boldsymbol{x}_1+\boldsymbol{x}_2$ とスカラー倍 $\lambda\boldsymbol{x}$ が W に属することを意味している．和とスカラー倍は数ベクトル空間の本質的な演算であり，(2) は，これらの演算が W の中だけで可能であること，すなわち，W 自体を数ベクトル空間と考えてもよいことを示している．

(注 1)　(2) は，次の条件と同値である．

$$\boldsymbol{x}_1\in W,\ \boldsymbol{x}_2\in W \text{ で } \lambda_1,\ \lambda_2 \text{ がスカラーならば}\quad \lambda_1\boldsymbol{x}_1+\lambda_2\boldsymbol{x}_2\in W$$

特に，$\boldsymbol{R}^n$ も $\boldsymbol{R}^n$ の部分空間の1つである．また，$\{\boldsymbol{o}\}$ も

$$\boldsymbol{o}+\boldsymbol{o}=\boldsymbol{o},\ \lambda\boldsymbol{o}=\boldsymbol{o}$$

であるから，$\boldsymbol{R}^n$ の部分空間である．

問 1　任意の部分空間 W について，以下を証明せよ．

(1)　$\boldsymbol{o}\in W$ である．

(2)　W の任意のベクトル $\boldsymbol{x}$ について，$-\boldsymbol{x}\in W$ である．

$\{\boldsymbol{o}\}$，$\boldsymbol{R}^n$ 以外の部分空間の例を挙げよう．

例 2　平面 $\boldsymbol{R}^2$ において，原点を通る直線上の点の表すベクトルの集合は $\boldsymbol{R}^2$ の部分空間である．

例 3　空間 $\boldsymbol{R}^3$ において，原点を通る直線上の点の表すベクトルの集合は $\boldsymbol{R}^3$ の部分空間である．また，原点を通る平面上の点の表すベクトルの集合は $\boldsymbol{R}^3$ の部分空間である．

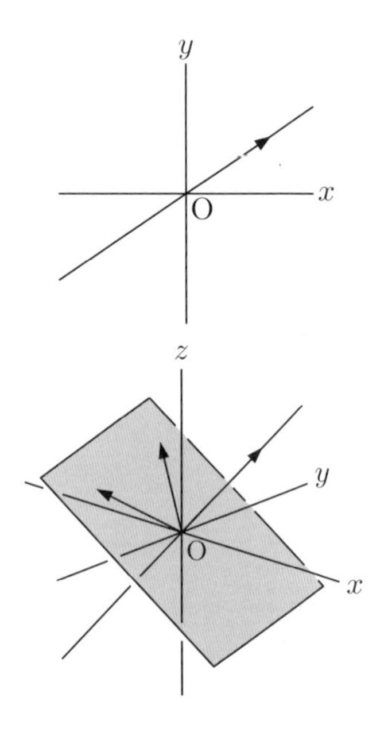

(注 2)　平面 $\boldsymbol{R}^2$ において，原点を通らない直線上の点の表すベクトルの集合は (2) を満たさないから部分空間ではない．

例 4　n 次正方行列 A について，連立 1 次方程式 $A\boldsymbol{x}=\boldsymbol{o}$ の解全体は $\boldsymbol{R}^n$ の部分空間である．実際，$\boldsymbol{x}_1$，$\boldsymbol{x}_2$ を解とすると

$$A(\boldsymbol{x}_1+\boldsymbol{x}_2)=A\boldsymbol{x}_1+A\boldsymbol{x}_2=\boldsymbol{o},\ A(\lambda\boldsymbol{x}_1)=\lambda A\boldsymbol{x}_1=\boldsymbol{o}$$

より，$\boldsymbol{x}_1+\boldsymbol{x}_2$，$\lambda\boldsymbol{x}_1$ も解になるからである．一方，$\boldsymbol{b}\neq\boldsymbol{o}$ のとき，連立 1 次方程式 $A\boldsymbol{x}=\boldsymbol{b}$ の解全体は $\boldsymbol{R}^n$ の部分空間ではない．

$\boldsymbol{R}^n$ のベクトル $\boldsymbol{a}_1$，$\boldsymbol{a}_2$ をとるとき，$\boldsymbol{a}_1$，$\boldsymbol{a}_2$ の線形結合で表されるベクトル全体 $\{\lambda_1\boldsymbol{a}_1+\lambda_2\boldsymbol{a}_2 \mid \lambda_1,\ \lambda_2\in\boldsymbol{R}\}$ は $\boldsymbol{R}^n$ の部分空間になる．実際

$$\boldsymbol{x}_1=\lambda_1\boldsymbol{a}_1+\lambda_2\boldsymbol{a}_2,\ \boldsymbol{x}_2=\mu_1\boldsymbol{a}_1+\mu_2\boldsymbol{a}_2\ \text{のとき}$$

$$\boldsymbol{x}_1+\boldsymbol{x}_2=(\lambda_1+\mu_1)\boldsymbol{a}_1+(\lambda_2+\mu_2)\boldsymbol{a}_2$$

したがって，$\boldsymbol{x}_1+\boldsymbol{x}_2$ は $\boldsymbol{a}_1$，$\boldsymbol{a}_2$ の線形結合で表され，スカラー倍についても同様であるからである．

$\boldsymbol{R}^n$ のベクトル $\boldsymbol{a}_1, \cdots, \boldsymbol{a}_r$ をとる場合も同様である．この部分空間を $\boldsymbol{a}_1, \cdots, \boldsymbol{a}_r$ で**生成される部分空間**といい，$\langle\boldsymbol{a}_1, \cdots, \boldsymbol{a}_r\rangle$ と書く．

$\boldsymbol{R}^n$ の部分空間 W_1, W_2 をとるとき，W_1 と W_2 の共通部分 $W_1\cap W_2$ は $\boldsymbol{R}^n$ の部分空間になる．一方，和集合 $W_1\cup W_2$ は，一般には部分空間ではない．かわりに，W_1 のベクトルと W_2 のベクトルの和で表されるベクトル全体

$$\{\boldsymbol{x}+\boldsymbol{y} \mid \boldsymbol{x}\in W_1,\ \boldsymbol{y}\in W_2\} \qquad (3)$$

を W_1+W_2 とおく．W_1+W_2 は部分空間であり，W_1 と W_2 の**和空間**という．

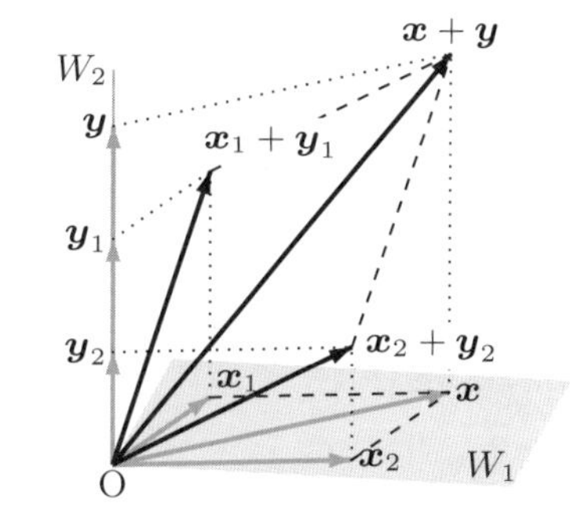

$W_1\cap W_2=\{\boldsymbol{o}\}$ であれば，(3) の $\boldsymbol{x}$，$\boldsymbol{y}$ は一意に定まる．このことは

$$\boldsymbol{x}+\boldsymbol{y}=\boldsymbol{x}'+\boldsymbol{y}'\ \text{ならば}\quad \boldsymbol{x}-\boldsymbol{x}'=\boldsymbol{y}'-\boldsymbol{y}\in W_1\cap W_2$$

から導かれる．このとき，W_1+W_2 を**直和**といい，$W_1\oplus W_2$ と表す．

問 2　$W_1\cap W_2$，W_1+W_2 は $\boldsymbol{R}^n$ の部分空間であることを証明せよ．

§2 部分空間の基底と次元

$\boldsymbol{R}^n$ の部分空間 W をとる．W のベクトルの組 $\boldsymbol{a}_1, \cdots, \boldsymbol{a}_r$ は，次の条件を満たすとする．

（Ⅰ）　$\boldsymbol{a}_1, \cdots, \boldsymbol{a}_r$ は線形独立である．

（Ⅱ）　$W = \langle \boldsymbol{a}_1, \cdots, \boldsymbol{a}_r \rangle$ である．

このとき，ベクトルの個数 r はベクトルの組のとり方によらず，一意に定まることを示そう．

W の別のベクトルの組 $\boldsymbol{b}_1, \cdots, \boldsymbol{b}_s$ が上の条件を満たすとし，$s < r$ と仮定する．$\boldsymbol{a}_1, \boldsymbol{a}_2, \cdots, \boldsymbol{a}_r$ を含む $\boldsymbol{R}^n$ の基底を

$$\{\boldsymbol{a}_1, \cdots, \boldsymbol{a}_r, \boldsymbol{a}_{r+1}, \cdots, \boldsymbol{a}_n\}$$

とおくと，$\boldsymbol{R}^n$ の任意のベクトル $\boldsymbol{x}$ は，これらの線形結合で表される．

$$\boldsymbol{x} = \lambda_1 \boldsymbol{a}_1 + \cdots + \lambda_r \boldsymbol{a}_r + \lambda_{r+1} \boldsymbol{a}_{r+1} + \cdots + \lambda_n \boldsymbol{a}_n$$

$\lambda_1 \boldsymbol{a}_1 + \cdots + \lambda_r \boldsymbol{a}_r$ は W のベクトルであり，$\boldsymbol{b}_1, \boldsymbol{b}_2, \cdots, \boldsymbol{b}_s$ の線形結合で表されるから

$$\boldsymbol{x} = \mu_1 \boldsymbol{b}_1 + \cdots + \mu_s \boldsymbol{b}_s + \lambda_{r+1} \boldsymbol{a}_{r+1} + \cdots + \lambda_n \boldsymbol{a}_n$$

$s + (n - r) < r + (n - r) = n$ であるから，$\boldsymbol{R}^n$ の任意のベクトル $\boldsymbol{x}$ が n 個より少ないベクトルの線形結合で表される．これは31ページの注2に反するから，$s \geqq r$ である．同様に，$r \geqq s$ も示されるから，$s = r$ である．

また，$W \neq \{\boldsymbol{o}\}$ のときは，W から線形独立なベクトル $\boldsymbol{a}_1, \boldsymbol{a}_2, \cdots, \boldsymbol{a}_k$ を順にとっていく．$W = \langle \boldsymbol{a}_1, \boldsymbol{a}_2, \cdots, \boldsymbol{a}_k \rangle$ でなければ，次のベクトルをとることになるが，この操作の回数は n 以下であるから，（Ⅰ），（Ⅱ）を満たすベクトルの組は確かに存在することがわかる．

（Ⅰ），（Ⅱ）を満たすベクトルの組を W の**基底**という．ベクトルの個数を W の**次元**といい，$\dim W$ と書く．特に，$\dim\{\boldsymbol{o}\} = 0$ と定める．

例 5　71ページの例1の W_2, W_3 について

$$\dim W_2 = 2,\ \dim W_3 = 1,\ \dim W_\lambda = 0\ \ (\lambda \neq 2,\ 3)$$

例 6　平面または空間において，原点を通る直線上の点の表すベクトルからなる部分空間を W_1，空間において，原点を通る平面上の点の表すベクトルからなる部分空間を W_2 とおくと，W_1, W_2 の次元は次のようになる．

$$\dim W_1 = 1,\ \dim W_2 = 2$$

例 7　次の3次正方行列 A について，方程式 $A\boldsymbol{x} = \boldsymbol{o}$ の解を求めると

$$A = \begin{pmatrix} 1 & 2 & 3 \\ 2 & 4 & 6 \\ 3 & 6 & 9 \end{pmatrix} \to \begin{pmatrix} 1 & 2 & 3 \\ 0 & 0 & 0 \\ 0 & 0 & 0 \end{pmatrix} \text{ より }\ \boldsymbol{x} = c_1 \begin{pmatrix} -3 \\ 0 \\ 1 \end{pmatrix} + c_2 \begin{pmatrix} -2 \\ 1 \\ 0 \end{pmatrix}$$

したがって，解全体からなる部分空間の次元は2である．

$\boldsymbol{R}^n$ の r 個のベクトル $\boldsymbol{a}_1, \cdots, \boldsymbol{a}_r$ をとるとき，これらで生成される部分空間 $\langle \boldsymbol{a}_1, \cdots, \boldsymbol{a}_r \rangle$ について考えよう．

8ページの行基本変形によって，行列 $(\boldsymbol{a}_1 \ \cdots \ \boldsymbol{a}_r)$ が $(\boldsymbol{a}_1{}' \ \cdots \ \boldsymbol{a}_r{}')$ に変形されたとすると

$$\lambda_1 \boldsymbol{a}_1 + \cdots + \lambda_r \boldsymbol{a}_r = \boldsymbol{o} \iff \lambda_1 \boldsymbol{a}_1{}' + \cdots + \lambda_r \boldsymbol{a}_r{}' = \boldsymbol{o} \qquad (1)$$

が成り立つ．実際，(1) を行列で表すと

$$(\boldsymbol{a}_1 \ \cdots \ \boldsymbol{a}_r) \begin{pmatrix} \lambda_1 \\ \vdots \\ \lambda_r \end{pmatrix} = \boldsymbol{o} \iff (\boldsymbol{a}_1{}' \ \cdots \ \boldsymbol{a}_r{}') \begin{pmatrix} \lambda_1 \\ \vdots \\ \lambda_r \end{pmatrix} = \boldsymbol{o}$$

になるが，左側の等式は，$(\boldsymbol{a}_1 \ \cdots \ \boldsymbol{a}_r)$ を係数行列とし，$\lambda_1, \cdots, \lambda_r$ を解とする連立1次方程式であり，右側の等式に変形できるからである．

部分空間 $\langle \boldsymbol{a}_1, \cdots, \boldsymbol{a}_r \rangle$ の基底は，$\boldsymbol{a}_1, \cdots, \boldsymbol{a}_r$ から線形独立なベクトルの組を選ぶことで得られるが，(1) より，行基本変形によってできる $\boldsymbol{a}_1{}', \cdots, \boldsymbol{a}_r{}'$ が線形独立かどうかを調べればよい．

例題 1　$\boldsymbol{R}^4$ から次のベクトル $\boldsymbol{a}_1$, $\boldsymbol{a}_2$, $\boldsymbol{a}_3$ をとる.

$$\boldsymbol{a}_1 = \begin{pmatrix} 1 \\ 1 \\ 3 \\ 2 \end{pmatrix}, \boldsymbol{a}_2 = \begin{pmatrix} 2 \\ 1 \\ 1 \\ 1 \end{pmatrix}, \boldsymbol{a}_3 = \begin{pmatrix} 1 \\ 0 \\ -2 \\ -1 \end{pmatrix}$$

このとき, $W = \langle \boldsymbol{a}_1, \boldsymbol{a}_2, \boldsymbol{a}_3 \rangle$ の基底と次元を求めよ.

解　$\boldsymbol{a}_1$, $\boldsymbol{a}_2$, $\boldsymbol{a}_3$ を並べてできる行列 A に行基本変形を施すと

$$A = \begin{pmatrix} 1 & 2 & 1 \\ 1 & 1 & 0 \\ 3 & 1 & -2 \\ 2 & 1 & -1 \end{pmatrix} \longrightarrow \begin{pmatrix} 1 & 2 & 1 \\ 0 & 1 & 1 \\ 0 & 0 & 0 \\ 0 & 0 & 0 \end{pmatrix}$$

右側の階段行列の列ベクトルをそれぞれ $\boldsymbol{a}_1{}'$, $\boldsymbol{a}_2{}'$, $\boldsymbol{a}_3{}'$ とおくと

$$\lambda_1 \boldsymbol{a}_1{}' + \lambda_2 \boldsymbol{a}_2{}' = \begin{pmatrix} \lambda_1 + 2\lambda_2 \\ \lambda_2 \\ 0 \\ 0 \end{pmatrix}$$

より, $\boldsymbol{a}_1{}'$, $\boldsymbol{a}_2{}'$ は線形独立である. また, $\boldsymbol{a}_3{}' = -\boldsymbol{a}_1{}' + \boldsymbol{a}_2{}'$ が成り立つから, $\boldsymbol{a}_1{}'$, $\boldsymbol{a}_2{}'$, $\boldsymbol{a}_3{}'$ は線形従属である. $\boldsymbol{a}_1$, $\boldsymbol{a}_2$, $\boldsymbol{a}_3$ についても同様であるから, $\{\boldsymbol{a}_1, \boldsymbol{a}_2\}$ は W の基底の 1 つであり, $\dim W = 2$ である.　//

問 3　$\boldsymbol{R}^3$ から次のベクトル $\boldsymbol{a}_1$, $\boldsymbol{a}_2$, $\boldsymbol{a}_3$ をとる.

$$\boldsymbol{a}_1 = \begin{pmatrix} 1 \\ 4 \\ 7 \end{pmatrix}, \boldsymbol{a}_2 = \begin{pmatrix} 2 \\ 5 \\ 8 \end{pmatrix}, \boldsymbol{a}_3 = \begin{pmatrix} 3 \\ 6 \\ 9 \end{pmatrix}$$

このとき, $W = \langle \boldsymbol{a}_1, \boldsymbol{a}_2, \boldsymbol{a}_3 \rangle$ の基底と次元を求めよ.

例題 1 でわかるように，行列 A に行基本変形を施して得られる階段行列において，階数を数えるときに用いる行の数は，A の列ベクトルのうち線形独立であるベクトルの最大個数，すなわち列ベクトルで生成される部分空間の次元と一致する．

$$\mathrm{rank}\,A = \mathrm{rank}\,(\boldsymbol{a}_1 \quad \cdots \quad \boldsymbol{a}_n) = \dim \langle \boldsymbol{a}_1,\ \cdots,\ \boldsymbol{a}_n \rangle \tag{2}$$

一方，階数の意味を行ベクトルで考えることもできる．行列 $A = (a_{ij})$ について，各行の成分からなるベクトルを $\boldsymbol{a}_1,\ \boldsymbol{a}_2,\ \cdots,\ \boldsymbol{a}_m$ とおく．ただし，ここでは，それらの成分をそのまま行ベクトルで表すことにする．

$$\boldsymbol{a}_i = (a_{i1} \quad a_{i2} \quad \cdots \quad a_{in}) \quad (i = 1,\ 2,\ \cdots,\ m)$$

A に行基本変形を施して得られる行列の行ベクトルを $\boldsymbol{a}_1',\ \boldsymbol{a}_2',\ \cdots,\ \boldsymbol{a}_m'$ とおくと

$$\langle \boldsymbol{a}_1,\ \cdots,\ \boldsymbol{a}_m \rangle = \langle \boldsymbol{a}_1',\ \cdots,\ \boldsymbol{a}_m' \rangle \tag{3}$$

が成り立つ．実際，$\boldsymbol{a}_1',\ \cdots,\ \boldsymbol{a}_m'$ は $\boldsymbol{a}_1,\ \cdots,\ \boldsymbol{a}_m$ の線形結合で表されるから，$\langle \boldsymbol{a}_1,\ \cdots,\ \boldsymbol{a}_m \rangle \supset \langle \boldsymbol{a}_1',\ \cdots,\ \boldsymbol{a}_m' \rangle$ が成り立つ．また，行基本変形を逆に施すと，$\langle \boldsymbol{a}_1,\ \cdots,\ \boldsymbol{a}_m \rangle \subset \langle \boldsymbol{a}_1',\ \cdots,\ \boldsymbol{a}_m' \rangle$ も成り立つからである．

(3) より，A から得られる階段行列の行ベクトルのうち線形独立であるベクトルの最大個数が $\langle \boldsymbol{a}_1,\ \cdots,\ \boldsymbol{a}_m \rangle$ の次元になるから，(2) と同様な等式が成り立つ．

以上より，行列の階数は次のように意味付けられる．

行列の階数の意味

$m \times n$ 行列 A の階数は，次のいずれとも等しい．

(1)　列ベクトルで生成される $\boldsymbol{R}^m$ の部分空間の次元

(2)　列ベクトルのうち，線形独立なベクトルの最大個数

(3)　行ベクトルで生成される $\boldsymbol{R}^n$ の部分空間の次元

(4)　行ベクトルのうち，線形独立なベクトルの最大個数

$\boldsymbol{R}^n$ の部分空間 W_1, W_2 をとり，それらの和空間 $W_1 + W_2$ を考えよう．

$$\dim W_1 = l,\ \dim W_2 = m,\ \dim(W_1 \cap W_2) = s$$

とおき，部分空間 $W_1 \cap W_2$ の基底 $\boldsymbol{r} = \{\boldsymbol{r}_1, \cdots, \boldsymbol{r}_s\}$ をとると，$\boldsymbol{r}$ を含む W_1 および W_2 の基底

$$\{\boldsymbol{r}_1, \cdots, \boldsymbol{r}_s, \boldsymbol{p}_1, \cdots, \boldsymbol{p}_{l-s}\} \text{ および } \{\boldsymbol{r}_1, \cdots, \boldsymbol{r}_s, \boldsymbol{q}_1, \cdots, \boldsymbol{q}_{m-s}\}$$

を作ることができる．このとき

$$\{\boldsymbol{r}_1, \cdots, \boldsymbol{r}_s, \boldsymbol{p}_1, \cdots, \boldsymbol{p}_{l-s}, \boldsymbol{q}_1, \cdots, \boldsymbol{q}_{m-s}\} \tag{4}$$

は $W_1 + W_2$ の基底になることが次のように証明される．まず

$$\lambda_1\boldsymbol{r}_1 + \cdots + \lambda_s\boldsymbol{r}_s + \mu_1\boldsymbol{p}_1 + \cdots + \mu_{l-s}\boldsymbol{p}_{l-s} + \nu_1\boldsymbol{q}_1 + \cdots + \nu_{m-s}\boldsymbol{q}_{m-s} = \boldsymbol{o}$$

とすると

$$\lambda_1\boldsymbol{r}_1 + \cdots + \lambda_s\boldsymbol{r}_s + \mu_1\boldsymbol{p}_1 + \cdots + \mu_{l-s}\boldsymbol{p}_{l-s} = -\nu_1\boldsymbol{q}_1 - \cdots - \nu_{m-s}\boldsymbol{q}_{m-s}$$

左辺は W_1，右辺は W_2 に属するから，上のベクトルは $W_1 \cap W_2$ に属する．したがって，λ_1', $\cdots$, λ_s' が存在して

$$\lambda_1\boldsymbol{r}_1 + \cdots + \lambda_s\boldsymbol{r}_s + \mu_1\boldsymbol{p}_1 + \cdots + \mu_{l-s}\boldsymbol{p}_{l-s} = \lambda_1'\boldsymbol{r}_1 + \cdots + \lambda_s'\boldsymbol{r}_s$$

$$(\lambda_1 - \lambda_1')\boldsymbol{r}_1 + \cdots + (\lambda_s - \lambda_s')\boldsymbol{r}_s + \mu_1\boldsymbol{p}_1 + \cdots + \mu_{l-s}\boldsymbol{p}_{l-s} = \boldsymbol{o}$$

これから，$\mu_1 = \cdots = \mu_{l-s} = 0$ が得られる．同様に $\nu_1 = \cdots = \nu_{m-s} = 0$ も得られ，$\lambda_1\boldsymbol{r}_1 + \cdots + \lambda_s\boldsymbol{r}_s = \boldsymbol{o}$ が成り立ち，$\lambda_1 = \cdots = \lambda_s = 0$ となるから，(4) は線形独立である．

また，$\boldsymbol{x}_1 \in W_1$, $\boldsymbol{x}_2 \in W_2$ のいずれも (4) のベクトルの線形結合で表されるから，$\boldsymbol{x}_1 + \boldsymbol{x}_2$ も同様であり，(4) は $W_1 + W_2$ の基底になる．

和空間の次元

$\boldsymbol{R}^n$ の部分空間 W_1, W_2 について

$$\dim(W_1 + W_2) = \dim W_1 + \dim W_2 - \dim(W_1 \cap W_2) \tag{5}$$

特に，$W_1 \cap W_2 = \{\boldsymbol{o}\}$ のとき

$$\dim(W_1 \oplus W_2) = \dim W_1 + \dim W_2 \tag{6}$$

§3 線形写像と部分空間

$\boldsymbol{R}^n$ から $\boldsymbol{R}^m$ への線形写像 f をとるとき

$$W = \left\{ \boldsymbol{x} \in \boldsymbol{R}^n \;\middle|\; f(\boldsymbol{x}) = \boldsymbol{o} \text{ を満たす} \right\}$$

$$W' = \left\{ \boldsymbol{x}' \in \boldsymbol{R}^m \;\middle|\; f(\boldsymbol{x}) = \boldsymbol{x}' \text{ となる } \boldsymbol{x} \text{ が存在する} \right\}$$

とする．それぞれが $\boldsymbol{R}^n$，$\boldsymbol{R}^m$ の部分空間であることを例題として示そう．

例題 2　W, W' を上のように定めるとき，以下を証明せよ．

(1)　W は $\boldsymbol{R}^n$ の部分空間である．

(2)　W' は $\boldsymbol{R}^m$ の部分空間である．

解　(1) $\boldsymbol{x}_1$，$\boldsymbol{x}_2 \in W$ とすると，$f(\boldsymbol{x}_1) = \boldsymbol{o}$，$f(\boldsymbol{x}_2) = \boldsymbol{o}$ より

$$f(\lambda_1 \boldsymbol{x}_1 + \lambda_2 \boldsymbol{x}_2) = \lambda_1 f(\boldsymbol{x}_1) + \lambda_2 f(\boldsymbol{x}_2) = \boldsymbol{o}$$

したがって，$\lambda_1 \boldsymbol{x}_1 + \lambda_2 \boldsymbol{x}_2 \in W$ となり，W は部分空間である．

(2) $\boldsymbol{x}_1{}'$，$\boldsymbol{x}_2{}' \in W'$ とすると，$f(\boldsymbol{x}_1) = \boldsymbol{x}_1{}'$，$f(\boldsymbol{x}_2) = \boldsymbol{x}_2{}'$ となる $\boldsymbol{x}_1$，$\boldsymbol{x}_2$ が存在する．このとき

$$f(\lambda_1 \boldsymbol{x}_1 + \lambda_2 \boldsymbol{x}_2) = \lambda_1 \boldsymbol{x}_1{}' + \lambda_2 \boldsymbol{x}_2{}'$$

したがって，$\lambda_1 \boldsymbol{x}_1{}' + \lambda_2 \boldsymbol{x}_2{}' \in W'$ となり，W' は部分空間である．　//

例題 2 の W を線形写像 f の**核**または**核空間**といい，$\mathrm{Ker}\, f$ と書く．また，W' を線形写像 f の**像**または**像空間**といい，$\mathrm{Im}\, f$ と書く．

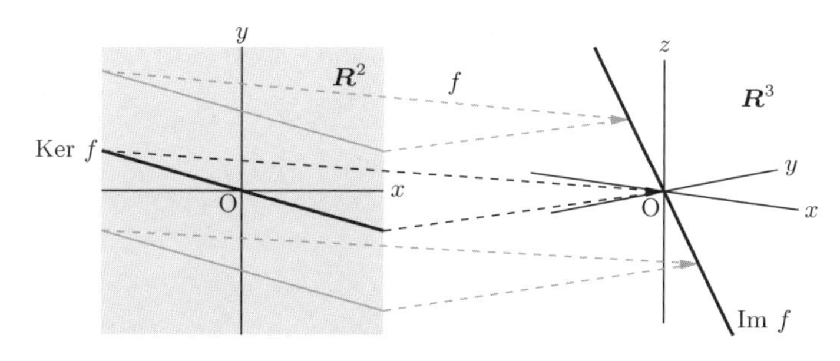

f の標準基底に関する表現行列を A とおくとき，$f(\boldsymbol{x}) = A\boldsymbol{x}$ となるから，$\mathrm{Ker}\, f$ は連立1次方程式 $A\boldsymbol{x} = \boldsymbol{o}$ の解全体であり，$\mathrm{Im}\, f$ は $\boldsymbol{x}$ についての連立1次方程式 $A\boldsymbol{x} = \boldsymbol{x}'$ が解をもつような $\boldsymbol{x}'$ の全体である．

例題3　$A = \begin{pmatrix} 1 & 1 & 2 & -1 \\ 2 & 3 & 5 & 1 \\ -1 & -1 & -2 & 1 \end{pmatrix}$ の表す線形写像 f の核と像およびそれらの次元を調べよ．

解　$A\boldsymbol{x} = \boldsymbol{o}$ を消去法で解くと

$$\begin{pmatrix} 1 & 1 & 2 & -1 & 0 \\ 2 & 3 & 5 & 1 & 0 \\ -1 & -1 & -2 & 1 & 0 \end{pmatrix} \longrightarrow \begin{pmatrix} 1 & 1 & 2 & -1 & 0 \\ 0 & 1 & 1 & 3 & 0 \\ 0 & 0 & 0 & 0 & 0 \end{pmatrix}$$

$x_4 = c_1$，$x_3 = c_2$ とおくと　$\boldsymbol{x} = \begin{pmatrix} x_1 \\ x_2 \\ x_3 \\ x_4 \end{pmatrix} = c_1 \begin{pmatrix} 4 \\ -3 \\ 0 \\ 1 \end{pmatrix} + c_2 \begin{pmatrix} -1 \\ -1 \\ 1 \\ 0 \end{pmatrix}$　(1)

よって，$\mathrm{Ker}\, f$ は (1) のように表される $\boldsymbol{R}^4$ のベクトル全体である．

また，$A\boldsymbol{x} = \boldsymbol{x}'$ を消去法で解くと

$$\begin{pmatrix} 1 & 1 & 2 & -1 & x_1' \\ 2 & 3 & 5 & 1 & x_2' \\ -1 & -1 & -2 & 1 & x_3' \end{pmatrix} \longrightarrow \begin{pmatrix} 1 & 1 & 2 & -1 & x_1' \\ 0 & 1 & 1 & 3 & -2x_1' + x_2' \\ 0 & 0 & 0 & 0 & x_1' + x_3' \end{pmatrix}$$

よって，解をもつ条件は $x_1' + x_3' = 0$ である．したがって，$\mathrm{Im}\, f$ はこの条件を満たす $\boldsymbol{R}^3$ のベクトル全体であり，次のように表される．

$$\boldsymbol{x}' = \begin{pmatrix} x_1' \\ x_2' \\ x_3' \end{pmatrix} = c_1 \begin{pmatrix} -1 \\ 0 \\ 1 \end{pmatrix} + c_2 \begin{pmatrix} 0 \\ 1 \\ 0 \end{pmatrix}$$

また，$\dim \operatorname{Ker} f = 2$，$\dim \operatorname{Im} f = 2$ である．　//

問 4　$A = \begin{pmatrix} 1 & -1 & 1 \\ 3 & -3 & 3 \end{pmatrix}$ の表す線形写像 f の核と像およびそれらの次元を調べよ．

8 ページの行基本変形と同様に，次の 3 つの操作を**列基本変形**という．

(Ⅰ)′　1 つの列に 0 でない数を掛ける．

(Ⅱ)′　1 つの列にある数を掛けたものを他の列に加える（減ずる）．

(Ⅲ)′　2 つの列を入れ換える．

$A = (\boldsymbol{a}_1 \ \cdots \ \boldsymbol{a}_n)$ の表す線形写像を f とする．$\boldsymbol{x} = (x_i)$ に対して

$$f(\boldsymbol{x}) = A\boldsymbol{x} = (\boldsymbol{a}_1 \ \cdots \ \boldsymbol{a}_n) \begin{pmatrix} x_1 \\ \vdots \\ x_n \end{pmatrix} = x_1\boldsymbol{a}_1 + \cdots + x_n\boldsymbol{a}_n$$

となるから，$\operatorname{Im} f$ は $\boldsymbol{a}_1, \cdots, \boldsymbol{a}_n$ で生成される部分空間になる．

77 ページの行ベクトルの場合と同様に，A に列基本変形を施して得られる行列の列ベクトルを $\boldsymbol{a}_1', \cdots, \boldsymbol{a}_n'$ とすると

$$\langle \boldsymbol{a}_1, \cdots, \boldsymbol{a}_n \rangle = \langle \boldsymbol{a}_1', \cdots, \boldsymbol{a}_n' \rangle$$

が成り立つ．このことを用いて，$\operatorname{Im} f$ の基底を求めることができる．

例題 3 の場合は

$$\begin{pmatrix} 1 & 1 & 2 & -1 \\ 2 & 3 & 5 & 1 \\ -1 & -1 & -2 & 1 \end{pmatrix} \xrightarrow[\substack{2\text{列} - 1\text{列} \times 1 \\ 3\text{列} - 1\text{列} \times 2 \\ 4\text{列} + 1\text{列} \times 1}]{(\mathrm{II})'} \begin{pmatrix} 1 & 0 & 0 & 0 \\ 2 & 1 & 1 & 3 \\ -1 & 0 & 0 & 0 \end{pmatrix}$$

$$\xrightarrow[\substack{3\text{列}-2\text{列}\times 1\\ 4\text{列}-2\text{列}\times 3}]{(\,\mathrm{II}\,)'} \begin{pmatrix} 1 & 0 & 0 & 0 \\ 2 & 1 & 0 & 0 \\ -1 & 0 & 0 & 0 \end{pmatrix}$$

したがって，$\mathrm{Im}\,f$ の基底として $\left\{\begin{pmatrix} 1 \\ 2 \\ -1 \end{pmatrix}, \begin{pmatrix} 0 \\ 1 \\ 0 \end{pmatrix}\right\}$ が求められる．

問 5　問 4 の f について，列基本変形を用いて $\mathrm{Im}\,f$ の基底を求めよ．

$\boldsymbol{R}^n$ から $\boldsymbol{R}^m$ への線形写像 f の核 $W = \mathrm{Ker}\,f$ と像 $W' = \mathrm{Im}\,f$ の次元の関係を調べよう．

$$r = \dim W, \ s = \dim W'$$

とおき，W の基底 $\{\boldsymbol{p}_1, \cdots, \boldsymbol{p}_r\}$ と W' の基底 $\{\boldsymbol{q}_1', \cdots, \boldsymbol{q}_s'\}$ をとる．

W' の任意のベクトル $\boldsymbol{x}'$ には，$f(\boldsymbol{x}) = \boldsymbol{x}'$ となるベクトル $\boldsymbol{x}$ が存在する．$\boldsymbol{q}_1', \cdots, \boldsymbol{q}_s'$ のそれぞれに対して

$$f(\boldsymbol{q}_1) = \boldsymbol{q}_1', \ \cdots, \ f(\boldsymbol{q}_s) = \boldsymbol{q}_s' \tag{2}$$

を満たすベクトル $\boldsymbol{q}_1, \cdots, \boldsymbol{q}_s$ を 1 つずつとると

$$\boldsymbol{p}_1, \ \cdots, \ \boldsymbol{p}_r, \ \boldsymbol{q}_1, \ \cdots, \ \boldsymbol{q}_s \tag{3}$$

は $\boldsymbol{R}^n$ の基底である．このことは次のようにして証明される．まず

$$\lambda_1\boldsymbol{p}_1 + \cdots + \lambda_r\boldsymbol{p}_r + \mu_1\boldsymbol{q}_1 + \cdots + \mu_s\boldsymbol{q}_s = \boldsymbol{o} \tag{4}$$

とすると

$$\lambda_1 f(\boldsymbol{p}_1) + \cdots + \lambda_r f(\boldsymbol{p}_r) + \mu_1 f(\boldsymbol{q}_1) + \cdots + \mu_s f(\boldsymbol{q}_s) = f(\boldsymbol{o}) = \boldsymbol{o}$$

$i = 1, \cdots, r$ のとき，$\boldsymbol{p}_i \in W$ より $f(\boldsymbol{p}_i) = \boldsymbol{o}$ となるから，(2) より

$$\mu_1\boldsymbol{q}_1' + \cdots + \mu_s\boldsymbol{q}_s' = \boldsymbol{o}$$

$\boldsymbol{q}_1', \cdots, \boldsymbol{q}_s'$ は線形独立であるから，$\mu_1 = \cdots = \mu_s = 0$ となる．これを (4) に代入して，$\boldsymbol{p}_1, \cdots, \boldsymbol{p}_r$ の線形独立性を用いると，$\lambda_1 = \cdots = \lambda_r = 0$

が導かれるから，(3) は線形独立である．

次に，$\boldsymbol{R}^n$ の任意のベクトル $\boldsymbol{x}$ について，$f(\boldsymbol{x}) \in W'$ であるから

$$f(\boldsymbol{x}) = \mu_1 \boldsymbol{q}_1{}' + \cdots + \mu_s \boldsymbol{q}_s{}' = \mu_1 f(\boldsymbol{q}_1) + \cdots + \mu_s f(\boldsymbol{q}_s) \tag{5}$$

と表される．(5) より

$$f(\boldsymbol{x} - \mu_1 \boldsymbol{q}_1 - \cdots - \mu_s \boldsymbol{q}_s) = \boldsymbol{o}$$

となるから，$\boldsymbol{x} - \mu_1 \boldsymbol{q}_1 - \cdots - \mu_s \boldsymbol{q}_s \in W$ であり

$$\boldsymbol{x} - \mu_1 \boldsymbol{q}_1 - \cdots - \mu_s \boldsymbol{q}_s = \lambda_1 \boldsymbol{p}_1 + \cdots + \lambda_r \boldsymbol{p}_r$$

したがって

$$\boldsymbol{x} = \lambda_1 \boldsymbol{p}_1 + \cdots + \lambda_r \boldsymbol{p}_r + \mu_1 \boldsymbol{q}_1 + \cdots + \mu_s \boldsymbol{q}_s$$

が導かれるから，(3) は $\boldsymbol{R}^n$ の基底であることがわかる．

(3) のベクトルの個数は $r + s$ であるから，次の定理が得られる．

次元定理

$\boldsymbol{R}^n$ から $\boldsymbol{R}^m$ への線形写像 f の核と像の次元について

$$\dim \mathrm{Ker}\, f + \dim \mathrm{Im}\, f = n \tag{6}$$

$m \times n$ 行列 $A = \begin{pmatrix} \boldsymbol{a}_1 & \cdots & \boldsymbol{a}_n \end{pmatrix}$ の表す線形写像 f について，81 ページより，$\mathrm{Im}\, f$ は $\boldsymbol{a}_1$，$\cdots$，$\boldsymbol{a}_n$ で生成される部分空間である．

$$\mathrm{Im}\, f = \langle \boldsymbol{a}_1,\ \cdots,\ \boldsymbol{a}_n \rangle$$

77 ページより，$\mathrm{rank}\, A$ はこの部分空間の次元に等しい．また，$\mathrm{Ker}\, f$ は $A\boldsymbol{x} = \boldsymbol{o}$ の解 $\boldsymbol{x}$ の全体である．これを $\mathrm{Ker}\, A$ と書くと，(6) より

$$\boldsymbol{\dim \mathrm{Ker}\, A + \mathrm{rank}\, A = n} \tag{7}$$

が得られる．

f は $\boldsymbol{R}^n$ の線形変換とする．λ が f の固有値のとき，$f(\boldsymbol{x}) - \lambda \boldsymbol{x}$ で定まる線形変換を $f - \lambda$ で表すと，$\mathrm{Ker}\,(f - \lambda)$ は λ に対する f の固有ベクトルに $\boldsymbol{o}$ を加えてできる部分空間である．これを固有値 λ の**固有空間**という．

$\dim \mathrm{Ker}\,(f-\lambda)$ は，λ に対する f の固有ベクトルのうち，線形独立なベクトルの最大個数であり，異なる固有値に対する固有ベクトルは線形独立であるから，f の表現行列 A が対角化可能であることは，f の相異なる固有値 λ_1，$\cdots$，λ_r について，次の等式が成り立つことと同値である.

$$\dim \mathrm{Ker}(f-\lambda_1)+\cdots+\dim \mathrm{Ker}(f-\lambda_r)=n \tag{8}$$

§4 直交補空間

$\boldsymbol{R}^n$ の部分空間 W をとるとき，W のすべてのベクトルと直交する $\boldsymbol{R}^n$ のベクトルの集合を $W^{\perp}$ で表す.

$$W^{\perp}=\{\boldsymbol{x}'\in\boldsymbol{R}^n \mid \text{すべての } \boldsymbol{x}\in W \text{ に対し } \ \boldsymbol{x}\cdot\boldsymbol{x}'=0\} \tag{1}$$

例8　$\boldsymbol{R}^3$ の標準基底を $\{\boldsymbol{e}_1,\ \boldsymbol{e}_2,\ \boldsymbol{e}_3\}$ とする．xy 平面上のベクトルの集合を W とおくと，W は $\boldsymbol{e}_1$，$\boldsymbol{e}_2$ で生成される部分空間である.

$$W=\{c_1\boldsymbol{e}_1+c_2\boldsymbol{e}_2 \mid c_1,\ c_2\in\boldsymbol{R}\}$$

このとき，$W^{\perp}$ は $\boldsymbol{e}_3$ で生成される部分空間，すなわち z 軸上の点の表すベクトル全体である.

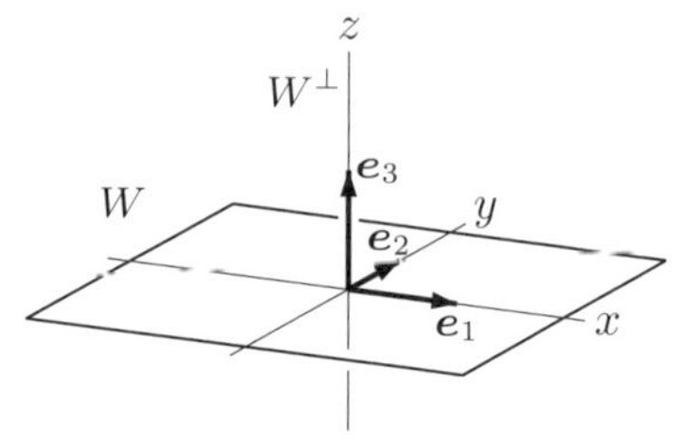

$W^{\perp}$ は $\boldsymbol{R}^n$ の部分空間であることを示そう.

$\boldsymbol{x}_1'$，$\boldsymbol{x}_2'\in W^{\perp}$ とスカラー λ をとると，W の任意のベクトル $\boldsymbol{x}$ について

$$\boldsymbol{x}_1'\cdot\boldsymbol{x}=0,\ \boldsymbol{x}_2'\cdot\boldsymbol{x}=0$$

であるから

$$(\boldsymbol{x}_1'+\boldsymbol{x}_2')\cdot\boldsymbol{x}=\boldsymbol{x}_1'\cdot\boldsymbol{x}+\boldsymbol{x}_2'\cdot\boldsymbol{x}=0 \quad \text{よって} \quad \boldsymbol{x}_1'+\boldsymbol{x}_2'\in W^{\perp}$$

$$(\lambda\boldsymbol{x}_1')\cdot\boldsymbol{x}=\lambda\,(\boldsymbol{x}_1'\cdot\boldsymbol{x})=0 \quad \text{よって} \quad \lambda\boldsymbol{x}_1'\in W^{\perp}$$

したがって，$W^{\perp}$ は $\boldsymbol{R}^n$ の部分空間である．$W^{\perp}$ を W の**直交補空間**という.

$\boldsymbol{R}^n$ の部分空間 W の直交補空間 $W^\perp$ について，次が成り立つ．

直交補空間の性質

(Ⅰ)　$W \cap W^\perp = \{\boldsymbol{o}\}$

(Ⅱ)　$W \oplus W^\perp = \boldsymbol{R}^n$

(Ⅲ)　$(W^\perp)^\perp = W$

証明　(Ⅰ)　$\boldsymbol{x} \in W \cap W^\perp$ とすると

$$\boldsymbol{x} \cdot \boldsymbol{x} = |\boldsymbol{x}|^2 = 0 \qquad \therefore \quad \boldsymbol{x} = \boldsymbol{o}$$

(Ⅱ)　(Ⅰ)より，$W + W^\perp = W \oplus W^\perp \subset \boldsymbol{R}^n$ である．W の正規直交基底 $\{\boldsymbol{x}_1, \boldsymbol{x}_2, \cdots, \boldsymbol{x}_r\}$ をとり，$\boldsymbol{R}^n$ の任意のベクトル $\boldsymbol{x}$ について

$$\boldsymbol{w} = (\boldsymbol{x} \cdot \boldsymbol{x}_1)\boldsymbol{x}_1 + \cdots + (\boldsymbol{x} \cdot \boldsymbol{x}_r)\boldsymbol{x}_r$$

とおくと，$\boldsymbol{w} \in W$ である．正規直交基底であることより

$$\boldsymbol{x}_i \cdot \boldsymbol{x}_i = |\boldsymbol{x}_i|^2 = 1, \quad \boldsymbol{x}_i \cdot \boldsymbol{x}_j = 0 \quad (j \neq i)$$

を満たすから

$$\boldsymbol{w}' = \boldsymbol{x} - \boldsymbol{w}$$

とおくと

$$\boldsymbol{x}_j \cdot \boldsymbol{w}' = \boldsymbol{x}_j \cdot \boldsymbol{x} - (\boldsymbol{x} \cdot \boldsymbol{x}_j)|\boldsymbol{x}_j|^2 = 0 \quad (j = 1, \cdots, r)$$

したがって，$\boldsymbol{w}' \in W^\perp$ となるから

$$\boldsymbol{x} = \boldsymbol{w} + \boldsymbol{w}' \quad (\boldsymbol{w} \in W, \ \boldsymbol{w}' \in W^\perp)$$

が成り立ち，$W \oplus W^\perp \supset \boldsymbol{R}^n$ が示される．

(Ⅲ)　W のベクトルは $W^\perp$ のすべてのベクトルと直交するから

$$W \subset (W^\perp)^\perp$$

また，(Ⅱ)より，$W^\perp \oplus (W^\perp)^\perp = \boldsymbol{R}^n$ であるから

$$\dim (W^\perp)^\perp = n - \dim W^\perp = \dim W$$

したがって，$(W^\perp)^\perp = W$ が成り立つ．　//

例題 4　$\boldsymbol{R}^3$ の部分空間

$$W = \left\{ \begin{pmatrix} x_1 \\ x_2 \\ x_3 \end{pmatrix} \middle| \, x_1 + x_2 + x_3 = 0 \right\}$$

の直交補空間 $W^\perp$ の基底と次元を求めよ．

解　$x_3 = c_1,\ x_2 = c_2$ とおくと，$x_1 = -c_1 - c_2$ であるから，W の任意のベクトル $\boldsymbol{x}$ について

$$\boldsymbol{x} = \begin{pmatrix} x_1 \\ x_2 \\ x_3 \end{pmatrix} = \begin{pmatrix} -c_1 - c_2 \\ c_2 \\ c_1 \end{pmatrix} = c_1 \begin{pmatrix} -1 \\ 0 \\ 1 \end{pmatrix} + c_2 \begin{pmatrix} -1 \\ 1 \\ 0 \end{pmatrix}$$

よって，W の基底は $\begin{pmatrix} -1 \\ 0 \\ 1 \end{pmatrix}, \begin{pmatrix} -1 \\ 1 \\ 0 \end{pmatrix}$ の組で，次元は 2 である．

$W^\perp$ の任意のベクトル $\boldsymbol{x}' = \begin{pmatrix} x_1{}' \\ x_2{}' \\ x_3{}' \end{pmatrix}$ は W の基底と直交するから

$$-x_1{}' + x_3{}' = 0 \text{ かつ } -x_1{}' + x_2{}' = 0,\ \text{すなわち}\quad x_1{}' = x_2{}' = x_3{}'$$

したがって，$W^\perp$ の基底は $\begin{pmatrix} 1 \\ 1 \\ 1 \end{pmatrix}$ で，次元は 1 である．　//

問 6　$\boldsymbol{R}^3$ の部分空間

$$W = \left\{ \begin{pmatrix} x_1 \\ x_2 \\ x_3 \end{pmatrix} \middle| \, x_1 + x_2 + x_3 = 0 \text{ かつ } x_2 - x_3 = 0 \right\}$$

の直交補空間 $W^\perp$ の基底と次元を求めよ．

練習問題

1. $\boldsymbol{R}^3$ の部分空間

$$W_1=\left\{c_1\begin{pmatrix}1\\1\\1\end{pmatrix}\middle|\, c_1\in\boldsymbol{R}\right\},\ W_2=\left\{c_2\begin{pmatrix}1\\1\\0\end{pmatrix}+c_3\begin{pmatrix}0\\0\\1\end{pmatrix}\middle|\, c_2,\ c_3\in\boldsymbol{R}\right\}$$

について，$\boldsymbol{R}^3$ の部分空間 $W_1\cap W_2$, W_1+W_2 を求めよ.

2. $\boldsymbol{R}^4$ のベクトル

$$\boldsymbol{a}_1=\begin{pmatrix}1\\1\\2\\-1\end{pmatrix},\ \boldsymbol{a}_2=\begin{pmatrix}0\\-2\\1\\1\end{pmatrix},\ \boldsymbol{a}_3=\begin{pmatrix}1\\3\\1\\-2\end{pmatrix},\ \boldsymbol{a}_4=\begin{pmatrix}-1\\-3\\-1\\3\end{pmatrix}$$

をとるとき，$W=\langle\boldsymbol{a}_1,\ \boldsymbol{a}_2,\ \boldsymbol{a}_3,\ \boldsymbol{a}_4\rangle$ の基底と次元を求めよ.

3. $A=\begin{pmatrix}1&1&1&3\\-1&0&1&1\\2&1&0&2\end{pmatrix}$ とし，$\boldsymbol{R}^4$ から $\boldsymbol{R}^3$ への線形写像が $f(\boldsymbol{x})=A\boldsymbol{x}$ で与えられているとき，$\mathrm{Ker}f$, $\mathrm{Im}f$ の基底と次元を求めよ.

4. $\boldsymbol{R}^4$ の部分空間

$$W=\left\{\begin{pmatrix}x_1\\x_2\\x_3\\x_4\end{pmatrix}\middle|\, x_1-x_2+x_3-x_4=0\ \text{かつ}\ x_1+x_2+x_4=0\right\}$$

の直交補空間 $W^\perp$ の基底と次元を求めよ.

5章 いろいろなベクトル空間

数ベクトル空間 $\boldsymbol{R}^n$ の和とスカラー倍については，25 ページに挙げた性質，すなわち，$\boldsymbol{x}$, $\boldsymbol{y}$, $\boldsymbol{z}$ がベクトルで，λ, μ がスカラーのとき

(I)　$\boldsymbol{x}+\boldsymbol{y}=\boldsymbol{y}+\boldsymbol{x}$

(II)　$(\boldsymbol{x}+\boldsymbol{y})+\boldsymbol{z}=\boldsymbol{x}+(\boldsymbol{y}+\boldsymbol{z})$

(III)　$\boldsymbol{x}+\boldsymbol{o}=\boldsymbol{x}$（$\boldsymbol{x}$ は任意のベクトル）を満たす $\boldsymbol{o}$ が存在する．

(IV)　$\boldsymbol{x}+(-\boldsymbol{x})=\boldsymbol{o}$ を満たす $-\boldsymbol{x}$ が存在する．

(V)　$\lambda(\mu\boldsymbol{x})=(\lambda\mu)\boldsymbol{x}$

(VI)　$(\lambda+\mu)\boldsymbol{x}=\lambda\boldsymbol{x}+\mu\boldsymbol{x}$

(VII)　$\lambda(\boldsymbol{x}+\boldsymbol{y})=\lambda\boldsymbol{x}+\lambda\boldsymbol{y}$

(VIII)　$1\boldsymbol{x}=\boldsymbol{x}$

が本質的であった．上の (I) から (VIII) を**ベクトル空間の公理**という．

一般の集合 V についても，ベクトル空間の公理を満たす和とスカラー倍が定義されているとき，V を**ベクトル空間**という．

さらに，$\boldsymbol{R}^n$ においては，4 ページおよび 38 ページの性質をもつ内積 $\boldsymbol{x}\cdot\boldsymbol{y}$ が定義された．一般のベクトル空間 V について，同様な内積が定義されているとき，V を**内積空間**という．

本章では，いろいろなベクトル空間と内積空間を扱う．これらについても，多くの性質は $\boldsymbol{R}^n$ と同様である．

§1　一般のベクトル空間

1・1　$\boldsymbol{R}$ 上のベクトル空間

実数を係数とする x の n 次以下の多項式の全体からなる集合を $P_n(\boldsymbol{R})$ と書くことにする.

$$P_n(\boldsymbol{R}) = \{a_0 + a_1x + \cdots + a_nx^n \mid a_0,\ a_1,\ \cdots,\ a_n \in \boldsymbol{R}\}$$

$P_n(\boldsymbol{R})$ の要素 $p = a_0 + a_1x + \cdots + a_nx^n$, $q = b_0 + b_1x + \cdots + b_nx^n$ が等しいとは, 係数がすべて等しいこととする.

$$p = q \iff a_0 = b_0,\ a_1 = b_1,\ \cdots,\ a_n = b_n$$

実数をスカラーと呼ぶ. このとき, 和 $p+q$ とスカラー倍 λp を

$$p + q = (a_0 + b_0) + (a_1 + b_1)x + \cdots + (a_n + b_n)x^n$$

$$\lambda p = (\lambda a_0) + (\lambda a_1)x + \cdots + (\lambda a_n)x^n$$

によって定義すると, これらの演算は 88 ページのベクトル空間の公理を満たすことが示される. ただし, o と $-p$ は次のように定められる.

$$o = 0 + 0x + \cdots + 0x^n$$

$$-p = (-a_0) + (-a_1)x + \cdots + (-a_n)x^n$$

このとき, 例えば, ベクトル空間の公理 (Ⅳ) は

$$p + (-p) = (a_0 - a_0) + (a_1 - a_1)x + \cdots + (a_n - a_n)x^n = o$$

により示される.

よって, $P_n(\boldsymbol{R})$ は $\boldsymbol{R}$ 上のベクトル空間である.

問 1　実数を成分とする 2 次正方行列の全体を $M_2(\boldsymbol{R})$ とおく. 行列の通常の演算について, $M_2(\boldsymbol{R})$ は $\boldsymbol{R}$ 上のベクトル空間であることを証明せよ. また, 零ベクトル, 逆ベクトルはどんな行列か.

一般のベクトル空間 V においても, 線形独立, 線形変換, 線形写像などが数ベクトル空間と同様に定められる.

例題 1　$P_n(\boldsymbol{R})$ のベクトル

$$p_0 = 1,\ p_1 = x,\ \cdots,\ p_n = x^n$$

は線形独立であることを証明せよ.

解　$\lambda_0 p_0 + \lambda_1 p_1 + \cdots + \lambda_n p_n = o$ とおくと

$$\lambda_0 + \lambda_1 x + \cdots + \lambda_n x^n = 0$$

これから, $\lambda_0 = 0,\ \lambda_1 = 0,\ \cdots,\ \lambda_n = 0$ となるから, $p_0,\ p_1,\ \cdots,\ p_n$ は線形独立である.　//

問 2　$P_2(\boldsymbol{R})$ において $q_0 = 1,\ q_1 = x - 1,\ q_2 = (x-1)^2$ は線形独立であることを証明せよ.

ベクトル空間 V のベクトルの組 $\boldsymbol{a} = \{\boldsymbol{a}_1,\ \cdots,\ \boldsymbol{a}_n\}$ が

(I)　$\boldsymbol{a}$ は線形独立である.

(II)　V の任意のベクトルは $\boldsymbol{a}$ の線形結合で表される.　(1)

を満たすとする. 一般に, (1) を満たす $\boldsymbol{a}$ を V の**基底**という. V の n 個のベクトルからなる基底が存在するとき, n は一定であることを示そう.

V の基底 $\boldsymbol{a} = \{\boldsymbol{a}_1,\ \cdots,\ \boldsymbol{a}_n\}$ および $\boldsymbol{b} = \{\boldsymbol{b}_1,\ \cdots,\ \boldsymbol{b}_m\}$ がいずれも (1) を満たすとする. $\boldsymbol{R}^n$ の基底として, 例えば標準基底 $\{\boldsymbol{e}_1,\ \cdots,\ \boldsymbol{e}_n\}$ をとり, $\boldsymbol{e}_1,\ \cdots,\ \boldsymbol{e}_n$ をそれぞれ $\boldsymbol{a}_1,\ \cdots,\ \boldsymbol{a}_n$ に移す $\boldsymbol{R}^n$ から V への線形写像を f とする. (1) の (II) より, V の任意のベクトル $\boldsymbol{x}'$ は

$$\boldsymbol{x}' = \mu_1 \boldsymbol{a}_1 + \cdots + \mu_n \boldsymbol{a}_n$$

と表される. このとき, $\boldsymbol{x} = \mu_1 \boldsymbol{e}_1 + \cdots + \mu_n \boldsymbol{e}_n$ とおくと

$$\begin{aligned} f(\boldsymbol{x}) &= f(\mu_1 \boldsymbol{e}_1 + \cdots + \mu_n \boldsymbol{e}_n) = \mu_1 f(\boldsymbol{e}_1) + \cdots + \mu_n f(\boldsymbol{e}_n) \\ &= \mu_1 \boldsymbol{a}_1 + \cdots + \mu_n \boldsymbol{a}_n = \boldsymbol{x}' \end{aligned}$$

したがって, V の任意のベクトル $\boldsymbol{x}'$ は $\boldsymbol{R}^n$ のあるベクトル $\boldsymbol{x}$ の像となる.

$\boldsymbol{b}_1,\ \cdots,\ \boldsymbol{b}_m$ のそれぞれについて

$$f(\boldsymbol{x}_1) = \boldsymbol{b}_1,\ \cdots,\ f(\boldsymbol{x}_m) = \boldsymbol{b}_m$$

となるベクトル $\boldsymbol{x}_1,\ \cdots,\ \boldsymbol{x}_m$ をとると，これらは線形独立である．実際

$$\lambda_1\boldsymbol{x}_1 + \cdots + \lambda_m\boldsymbol{x}_m = \boldsymbol{o}$$

とすると

$$\lambda_1 f(\boldsymbol{x}_1) + \cdots + \lambda_m f(\boldsymbol{x}_m) = \boldsymbol{o} \text{ より}\quad \lambda_1\boldsymbol{b}_1 + \cdots + \lambda_m\boldsymbol{b}_m = \boldsymbol{o}$$

$\boldsymbol{b}_1,\ \cdots,\ \boldsymbol{b}_m$ の線形独立性から，$\lambda_1 = \cdots = \lambda_m = 0$ となるからである．

したがって，31 ページの注 1 より，$m \leqq n$ が成り立つ．この証明を $\{\boldsymbol{b}_1,\ \cdots,\ \boldsymbol{b}_m\}$ から始めれば，$n \leqq m$ が得られるから，$m = n$ である．

基底のベクトルの個数をベクトル空間 V の**次元**といい，$\dim V$ と書く．

次元が n であるベクトル空間 V の基底 $\boldsymbol{a} = \{\boldsymbol{a}_1,\ \cdots,\ \boldsymbol{a}_n\}$ をとるとき，$\boldsymbol{R}^n$ の場合と同様に，V の任意のベクトル $\boldsymbol{x}$ は，$\boldsymbol{a}$ の線形結合で

$$\boldsymbol{x} = y_1\boldsymbol{a}_1 + y_2\boldsymbol{a}_2 + \cdots + y_n\boldsymbol{a}_n \tag{2}$$

と一意的に表される．n 個のスカラー $y_1,\ y_2,\ \cdots,\ y_n$ をベクトル $\boldsymbol{x}$ の基底 $\boldsymbol{a}$ に関する**成分**といい

$$\begin{pmatrix} y_1 \\ y_2 \\ \vdots \\ y_n \end{pmatrix}_{\boldsymbol{a}} \tag{3}$$

と表すことにする．

例 1　$P_n(\boldsymbol{R})$ において，$1,\ x,\ \cdots,\ x^n$ は $P_n(\boldsymbol{R})$ の基底であり

$$\dim P_n(\boldsymbol{R}) = n + 1$$

問 3　次の行列の組は，問 1 の $M_2(\boldsymbol{R})$ の基底であることを証明せよ．

$$\begin{pmatrix} 1 & 0 \\ 0 & 0 \end{pmatrix},\ \begin{pmatrix} 0 & 1 \\ 0 & 0 \end{pmatrix},\ \begin{pmatrix} 0 & 0 \\ 1 & 0 \end{pmatrix},\ \begin{pmatrix} 0 & 0 \\ 0 & 1 \end{pmatrix}$$

次元が n であるベクトル空間 V の基底の 1 つを $\boldsymbol{a} = \{\boldsymbol{a}_1,\ \cdots,\ \boldsymbol{a}_n\}$ と

する．m 個の線形独立なベクトルの組 $\boldsymbol{b} = \{\boldsymbol{b}_1, \cdots, \boldsymbol{b}_m\}$ をとり，$\boldsymbol{b}$ に $\boldsymbol{a}$ のベクトルのいくつかを加え，線形独立なベクトルの組を作る．このうち，最大個数のベクトルの組を $\boldsymbol{b}'$ とおくと，$\boldsymbol{b}'$ は V の基底となり，ベクトルの個数は n となる．実際，$\boldsymbol{a}$ の任意のベクトルは $\boldsymbol{b}'$ のベクトルの線形結合で表されるからである．特に，$m = n$ のときは，$\boldsymbol{b}$ 自体が V の基底となる．

問4　$\boldsymbol{a} = \{1, x, x^2\}$ は $P_2(\boldsymbol{R})$ の基底である．$\boldsymbol{b} = \{1 - x^2, 1 - 2x^2\}$ に $\boldsymbol{a}$ のベクトルのいくつかを加え，$P_2(\boldsymbol{R})$ の基底を作れ．

ベクトル空間 V において，(1) を満たす有限個数のベクトルの組が存在するとき，V は**有限次元**であるという．そうでないとき，V は**無限次元**であるという．

例2　x の多項式の全体 $P(\boldsymbol{R})$ は，無限次元のベクトル空間である．

1・2　基底の変換行列

次元が n であるベクトル空間 V に基底 $\boldsymbol{a} = \{\boldsymbol{a}_1, \cdots, \boldsymbol{a}_n\}$ および $\boldsymbol{b} = \{\boldsymbol{b}_1, \cdots, \boldsymbol{b}_n\}$ をとり，ベクトル $\boldsymbol{x}$ のそれぞれの基底に関する成分を

$$\begin{pmatrix} x_1 \\ \vdots \\ x_n \end{pmatrix}_{\boldsymbol{a}} \quad \text{および} \quad \begin{pmatrix} y_1 \\ \vdots \\ y_n \end{pmatrix}_{\boldsymbol{b}}$$

とおくと，次の等式が成り立つ．

$$x_1\boldsymbol{a}_1 + \cdots + x_n\boldsymbol{a}_n = y_1\boldsymbol{b}_1 + \cdots + y_n\boldsymbol{b}_n \tag{1}$$

ベクトルを成分とする行ベクトルを考えることにすると，(1) は

$$(\boldsymbol{a}_1 \quad \cdots \quad \boldsymbol{a}_n)\begin{pmatrix} x_1 \\ \vdots \\ x_n \end{pmatrix} = (\boldsymbol{b}_1 \quad \cdots \quad \boldsymbol{b}_n)\begin{pmatrix} y_1 \\ \vdots \\ y_n \end{pmatrix} \tag{2}$$

と表される．

$\boldsymbol{b}$ の各ベクトル $\boldsymbol{b}_j$ は，$\boldsymbol{a}$ のベクトルの線形結合で表されるから

$$\boldsymbol{b}_j = p_{1j}\boldsymbol{a}_1 + \cdots + p_{nj}\boldsymbol{a}_n \quad (j = 1, \cdots, n)$$

行列を用いて表すと

$$(\boldsymbol{b}_1 \quad \cdots \quad \boldsymbol{b}_n) = (\boldsymbol{a}_1 \quad \cdots \quad \boldsymbol{a}_n)\begin{pmatrix} p_{11} & \cdots & p_{1n} \\ \vdots & \vdots & \vdots \\ p_{n1} & \cdots & p_{nn} \end{pmatrix}$$

右辺の行列を P とおくと，次の等式が成り立つ．

$$(\boldsymbol{b}_1 \quad \cdots \quad \boldsymbol{b}_n) = (\boldsymbol{a}_1 \quad \cdots \quad \boldsymbol{a}_n)\,P \tag{3}$$

このとき，P を基底 $\boldsymbol{a}$ から基底 $\boldsymbol{b}$ への**基底の変換行列**という．(3) を (2) に代入して

$$(\boldsymbol{a}_1 \quad \cdots \quad \boldsymbol{a}_n)\begin{pmatrix} x_1 \\ \vdots \\ x_n \end{pmatrix} = (\boldsymbol{a}_1 \quad \cdots \quad \boldsymbol{a}_n)\,P\begin{pmatrix} y_1 \\ \vdots \\ y_n \end{pmatrix}$$

$\boldsymbol{a}$ の線形独立性より，次の等式が得られる．

$$\begin{pmatrix} x_1 \\ \vdots \\ x_n \end{pmatrix} = P\begin{pmatrix} y_1 \\ \vdots \\ y_n \end{pmatrix}$$

ベクトル空間の基底の変換と成分

行列 P を $\boldsymbol{a}$ から $\boldsymbol{b}$ への基底の変換行列とすると，次が成り立つ．

$$\begin{pmatrix} x_1 \\ \vdots \\ x_n \end{pmatrix}_{\boldsymbol{a}} = P\begin{pmatrix} y_1 \\ \vdots \\ y_n \end{pmatrix}_{\boldsymbol{b}}$$

（注）　行列 P は正則で，$\boldsymbol{b}$ から $\boldsymbol{a}$ への基底の変換行列は P^{-1} となる．

例題 2　$P_2(\boldsymbol{R})$ において，$\boldsymbol{p}=\{1,\ x,\ x^2\}$，$\boldsymbol{q}=\{1,\ x-1,\ (x-1)^2\}$ とするとき，$\boldsymbol{p}$ から $\boldsymbol{q}$ への基底の変換行列 P を求めよ．

解　$\begin{pmatrix}1 & x-1 & (x-1)^2\end{pmatrix}=\begin{pmatrix}1 & -1 & 1\end{pmatrix}+\begin{pmatrix}0 & 1 & -2\end{pmatrix}x+\begin{pmatrix}0 & 0 & 1\end{pmatrix}x^2$

$$=\begin{pmatrix}1 & x & x^2\end{pmatrix}\begin{pmatrix}1 & -1 & 1\\ 0 & 1 & -2\\ 0 & 0 & 1\end{pmatrix} \tag{4}$$

したがって，P は (4) の右側に現れる3次正方行列である．　//

問 5　上の例題2において，$1+2(x-1)+3(x-1)^2$ の $\boldsymbol{q}$ および $\boldsymbol{p}$ に関する成分を求めよ．

1・3　線形変換と固有値

次元が n であるベクトル空間 V の線形変換 f と V の基底 $\boldsymbol{p}$ について，f の $\boldsymbol{p}$ に関する表現行列が53ページと同様に定められる．

例題 3　$P_2(\boldsymbol{R})$ において，微分するという線形変換 f を考える．

$$f(a+bx+cx^2)=b+2cx$$

$P_2(\boldsymbol{R})$ の基底 $\boldsymbol{p}=\{1,\ x,\ x^2\}$ に関する f の表現行列を求めよ．

解　$f(1)=0$，$f(x)=1$，$f(x^2)=2x$ の基底 $\boldsymbol{p}$ に関する成分は

$$\begin{pmatrix}0\\0\\0\end{pmatrix}_{\boldsymbol{p}},\quad \begin{pmatrix}1\\0\\0\end{pmatrix}_{\boldsymbol{p}},\quad \begin{pmatrix}0\\2\\0\end{pmatrix}_{\boldsymbol{p}}$$

したがって，$\boldsymbol{p}$ に関する f の表現行列は　$\begin{pmatrix}0 & 1 & 0\\ 0 & 0 & 2\\ 0 & 0 & 0\end{pmatrix}$　//

（注）　$f(a+bx+cx^2)=b+2cx$ と $a+bx+cx^2$ の成分

$$\begin{pmatrix} b \\ 2c \\ 0 \end{pmatrix}_{\boldsymbol{p}},\ \begin{pmatrix} a \\ b \\ c \end{pmatrix}_{\boldsymbol{p}}$$ について，$$\begin{pmatrix} b \\ 2c \\ 0 \end{pmatrix}=\begin{pmatrix} 0 & 1 & 0 \\ 0 & 0 & 2 \\ 0 & 0 & 0 \end{pmatrix}\begin{pmatrix} a \\ b \\ c \end{pmatrix}$$ となる．

問 6　$A=\begin{pmatrix} 1 & 2 \\ 3 & 4 \end{pmatrix}$ とおき，$M_2(\boldsymbol{R})$ の線形変換 f を $f(X)=AX$ で定める．このとき 91 ページの問 3 の基底に関する f の表現行列を求めよ．

V の基底 $\boldsymbol{p}$，$\boldsymbol{q}$ に関する線形変換 f の表現行列 A，B と $\boldsymbol{p}$ から $\boldsymbol{q}$ への基底の変換行列 P について，54 ページと同様に，$B=P^{-1}AP$ が成り立つ．

線形変換 f の固有値と固有ベクトルも $\boldsymbol{R}^n$ と同様に定義される．

例題 4　$P_2(\boldsymbol{R})$ において，1，x，x^2 をそれぞれ 1，$1+2x$，$2x+3x^2$ に移す線形変換を f とおく．f の固有値と固有ベクトルを求めよ．

解　線形変換 f の基底 $\boldsymbol{p}=\{1,\ x,\ x^2\}$ に関する表現行列は

$$A=\begin{pmatrix} 1 & 1 & 0 \\ 0 & 2 & 2 \\ 0 & 0 & 3 \end{pmatrix}$$

固有値は，$|A-\lambda E|=-(\lambda-1)(\lambda-2)(\lambda-3)$ より　$\lambda=1,\ 2,\ 3$

$\lambda=1,\ 2,\ 3$ に対する A の固有ベクトルはそれぞれ

$$c_1\begin{pmatrix} 1 \\ 0 \\ 0 \end{pmatrix},\ c_2\begin{pmatrix} 1 \\ 1 \\ 0 \end{pmatrix},\ c_3\begin{pmatrix} 1 \\ 2 \\ 1 \end{pmatrix}\quad (c_1\neq 0,\ c_2\neq 0,\ c_3\neq 0)$$

したがって，それぞれの固有値に対する f の固有ベクトルは

$$p_1=c_1,\ p_2=c_2(1+x),\ p_3=c_3(1+2x+x^2)$$ //

問 7　$P_1(\boldsymbol{R})$ において，1，x をそれぞれ $2+x$，$1+2x$ に移す線形変換の固有値と固有ベクトルを求めよ．

1・4　部分空間

ベクトル空間 V の空でない部分集合 W が

$$\boldsymbol{x}_1,\ \boldsymbol{x}_2,\ \boldsymbol{x} \in W,\ \lambda \in \boldsymbol{R} \text{ ならば } \boldsymbol{x}_1 + \boldsymbol{x}_2,\ \lambda \boldsymbol{x} \in W \tag{1}$$

を満たすとき，W をベクトル空間 V の**部分空間**という．

(1) より，V における和 $\boldsymbol{x}_1 + \boldsymbol{x}_2$ とスカラー倍 $\lambda \boldsymbol{x}$ は W に定義された和とスカラー倍とみることができる．また，零ベクトル $\boldsymbol{o} = 0\boldsymbol{x}$ と $\boldsymbol{x} \in W$ の逆ベクトル $-\boldsymbol{x}$ はいずれも W に属する．このことと，V がベクトル空間の公理を満たすことから，W もベクトル空間の公理を満たすことがわかる．したがって，W はベクトル空間の1つである．

（注1）　(1) は，次の条件と同値である．

$$\boldsymbol{x}_1,\ \boldsymbol{x}_2 \in W,\ \lambda_1,\ \lambda_2 \in \boldsymbol{R} \text{ のとき } \lambda_1 \boldsymbol{x}_1 + \lambda_2 \boldsymbol{x}_2 \in W \tag{2}$$

（注2）　ベクトル空間 V について，$\{\boldsymbol{o}\}$ と V は V の部分空間である．

例 3　$m \leqq n$ のとき，$P_m(\boldsymbol{R})$ は $P_n(\boldsymbol{R})$ の部分空間である．

問 8　実数を成分とする2次正方行列の全体を $M_2(\boldsymbol{R})$，このうち，対称行列全体を $S_2(\boldsymbol{R})$ とおくとき，$S_2(\boldsymbol{R})$ は $M_2(\boldsymbol{R})$ の部分空間であることを確かめよ．

次元が n であるベクトル空間 V の $\{\boldsymbol{o}\}$ でない部分空間を W とする．まず，W の $\boldsymbol{o}$ でないベクトル $\boldsymbol{a}_1$ をとり，$\boldsymbol{a} = \{\boldsymbol{a}_1\}$ とおく．次に，$\boldsymbol{a}$ のベクトルの線形結合で表されない W のベクトル $\boldsymbol{a}_2$ があれば，$\boldsymbol{a}$ に $\boldsymbol{a}_2$ を加える．これを繰り返して，m 個のベクトルの組

$$\boldsymbol{a} = \{\boldsymbol{a}_1,\ \boldsymbol{a}_2,\ \cdots,\ \boldsymbol{a}_m\} \tag{3}$$

が得られたとする．このとき

$$\lambda_1 \boldsymbol{a}_1 + \lambda_2 \boldsymbol{a}_2 + \cdots + \lambda_m \boldsymbol{a}_m = \boldsymbol{o}$$

とし，$\lambda_m \neq 0$ と仮定すると，$\boldsymbol{a}_m$ が他のベクトルの線形結合で表されることになり，$\boldsymbol{a}$ の作り方に反する．したがって，$\lambda_m = 0$ である．同様にして，$\lambda_1 = \lambda_2 = \cdots = \lambda_{m-1} = 0$ となるから，$\boldsymbol{a}$ のベクトルは線形独立である．

また，92 ページの方法により，$\boldsymbol{a}$ を含む V の基底が存在するから，$m \leqq n$ である．このことから，m には最大値が存在することがわかる．この最大値をあらためて m とおくと，(3) は W の基底であり

$$\dim W \leqq \dim V$$

が成り立つ．

問 9 問 8 において，次の行列の組は $S_2(\boldsymbol{R})$ の基底であることを証明せよ．また，$\dim S_2(\boldsymbol{R})$ を求めよ．

$$\begin{pmatrix} 1 & 0 \\ 0 & 0 \end{pmatrix}, \begin{pmatrix} 0 & 0 \\ 0 & 1 \end{pmatrix}, \begin{pmatrix} 0 & 1 \\ 1 & 0 \end{pmatrix}$$

数ベクトル空間の場合と同様に，V のベクトル $\boldsymbol{a}_1, \cdots, \boldsymbol{a}_r$ の線形結合で表されるベクトル全体を $\boldsymbol{a}_1, \cdots, \boldsymbol{a}_r$ で**生成される部分空間**という．

$$\langle \boldsymbol{a}_1, \cdots, \boldsymbol{a}_r \rangle = \{\lambda_1 \boldsymbol{a}_1 + \cdots + \lambda_r \boldsymbol{a}_r \mid \lambda_1, \cdots, \lambda_r \text{はスカラー}\}$$

また，V の部分空間 W_1, W_2 をとるとき，W_1 のベクトルと W_2 のベクトルの和で表されるベクトルの集合を W_1 と W_2 の**和空間**という．

$$W_1 + W_2 = \{\boldsymbol{x} + \boldsymbol{y} \mid \boldsymbol{x} \in W_1,\ \boldsymbol{y} \in W_2\}$$

特に，$W_1 \cap W_2 = \{\boldsymbol{o}\}$ のとき，$W_1 + W_2$ を**直和**といい，$W_1 \oplus W_2$ と表す．

このとき，$\dim W_1 = r$, $\dim W_2 = s$ であるとし，それぞれの基底を $\boldsymbol{a} = \{\boldsymbol{a}_1, \cdots, \boldsymbol{a}_r\}$ および $\boldsymbol{b} = \{\boldsymbol{b}_1, \cdots, \boldsymbol{b}_s\}$ とおくと，$\boldsymbol{a} \cup \boldsymbol{b}$ は直和 $W_1 \oplus W_2$ の基底になることが次のように示される．

まず，$\lambda_1 \boldsymbol{a}_1 + \cdots + \lambda_r \boldsymbol{a}_r + \mu_1 \boldsymbol{b}_1 + \cdots + \mu_s \boldsymbol{b}_s = \boldsymbol{o}$ とすると

$$\lambda_1 \boldsymbol{a}_1 + \cdots + \lambda_r \boldsymbol{a}_r = -\mu_1 \boldsymbol{b}_1 - \cdots - \mu_s \boldsymbol{b}_s \tag{4}$$

左辺は W_1，右辺は W_2 に属するから，(4) のベクトルは $W_1 \cap W_2 = \{\boldsymbol{o}\}$ に属する．したがって

$$\lambda_1 \boldsymbol{a}_1 + \cdots + \lambda_r \boldsymbol{a}_r = \boldsymbol{o}, \ -\mu_1 \boldsymbol{b}_1 - \cdots - \mu_s \boldsymbol{b}_s = \boldsymbol{o}$$

$\boldsymbol{a}$，$\boldsymbol{b}$ の線形独立性により，すべての係数は 0 となる．

また，$W_1 \oplus W_2$ の任意のベクトル $\boldsymbol{x} + \boldsymbol{y}$ ($\boldsymbol{x} \in W_1$，$\boldsymbol{y} \in W_2$) をとると，$\boldsymbol{x}$，$\boldsymbol{y}$ は $\boldsymbol{a} \cup \boldsymbol{b}$ の線形結合で表されるから，$\boldsymbol{x} + \boldsymbol{y}$ も同様であり，$\boldsymbol{a} \cup \boldsymbol{b}$ は $W_1 \oplus W_2$ の基底であることが得られる．よって，次が成り立つ．

直和の次元

$W_1 \cap W_2 = \{\boldsymbol{o}\}$ のとき　　$\dim(W_1 \oplus W_2) = \dim W_1 + \dim W_2$

ベクトル空間 V からベクトル空間 V' への線形写像 f について，**核**と**像**が数ベクトル空間の場合と同様に定められる．

$$\mathrm{Ker}\, f = \{\boldsymbol{x} \in V \mid f(\boldsymbol{x}) = \boldsymbol{o} \text{ を満たす}\}$$

$$\mathrm{Im}\, f = \{\boldsymbol{x}' \in V' \mid f(\boldsymbol{x}) = \boldsymbol{x}' \text{ となる } \boldsymbol{x} \text{ が存在する}\}$$

例 4　V の線形変換 f と f の固有値 λ について，$(f-\lambda)(\boldsymbol{x}) = f(\boldsymbol{x}) - \lambda \boldsymbol{x}$ で線形変換 $f - \lambda$ を定めると，Ker $(f - \lambda)$ は f の λ に対する固有ベクトルと $\boldsymbol{o}$ を合わせた部分空間である．Ker $(f - \lambda)$ を f の固有値 λ に対する**固有空間**という．

$\lambda \neq \mu$ のとき，$\mathrm{Ker}(f-\lambda) \cap \mathrm{Ker}(f-\mu) = \{\boldsymbol{o}\}$ であり，次が成り立つ．

$$\dim\bigl(\mathrm{Ker}(f-\lambda) \oplus \mathrm{Ker}(f-\mu)\bigr) = \dim \mathrm{Ker}(f-\lambda) + \dim \mathrm{Ker}(f-\mu)$$

問 10　$P_2(\boldsymbol{R})$ から $P_1(\boldsymbol{R})$ への次の線形写像 f の核と像を求めよ．

$$f : a_0 + a_1 x + a_2 x^2 \ \longmapsto \ a_1 + 2a_2 x$$

ベクトル空間 V，V' の次元が有限であるとき，V から V' への線形写像 f の核と像の次元について，数ベクトル空間と同様に，次が成り立つ．

$$\mathbf{dim\,Ker}\, \boldsymbol{f} + \mathbf{dim\,Im}\, \boldsymbol{f} = \mathbf{dim}\ \boldsymbol{V}$$ （**次元定理**）

1·5 内積空間

数ベクトル空間 $\boldsymbol{R}^n$ における内積は，2つのベクトルに1つのスカラーを対応させるものであった．一般のベクトル空間においても，同様な内積が定義される場合がある．ただし，本節では，内積を $\boldsymbol{a}\cdot\boldsymbol{b}$ のかわりに $(\boldsymbol{a},\ \boldsymbol{b})$ の記法で表すことにする．

実数をスカラーとするベクトル空間 V において，2つのベクトル $\boldsymbol{a},\ \boldsymbol{b}$ から1つのスカラーへの対応 $(\boldsymbol{a},\ \boldsymbol{b})$ が，任意のベクトル $\boldsymbol{a},\ \boldsymbol{b},\ \boldsymbol{c}$ とスカラー λ について

（Ⅰ）　$(\boldsymbol{a},\ \boldsymbol{a}) \geqq 0$　　（等号成立は $\boldsymbol{a}=\boldsymbol{o}$ に限る）

（Ⅱ）　$(\boldsymbol{a},\ \boldsymbol{b}) = (\boldsymbol{b},\ \boldsymbol{a})$

（Ⅲ）　$(\lambda\boldsymbol{a},\ \boldsymbol{b}) = (\boldsymbol{a},\ \lambda\boldsymbol{b}) = \lambda(\boldsymbol{a},\ \boldsymbol{b})$

（Ⅳ）　$(\boldsymbol{a}+\boldsymbol{b},\ \boldsymbol{c}) = (\boldsymbol{a},\ \boldsymbol{c}) + (\boldsymbol{b},\ \boldsymbol{c}),\ (\boldsymbol{a},\ \boldsymbol{b}+\boldsymbol{c}) = (\boldsymbol{a},\ \boldsymbol{b}) + (\boldsymbol{a},\ \boldsymbol{c})$

を満たすとき，$(\boldsymbol{a},\ \boldsymbol{b})$ を V における**内積**といい，内積が定義されたベクトル空間を**内積空間**または**計量ベクトル空間**という．

内積空間 V において，$\sqrt{(\boldsymbol{a},\ \boldsymbol{a})}$ をベクトル $\boldsymbol{a}$ の**大きさ**または**ノルム**といい，$|\boldsymbol{a}|$ で表す．また，$(\boldsymbol{a},\ \boldsymbol{b})=0$ のとき，$\boldsymbol{a}$ と $\boldsymbol{b}$ は**直交**するという．

（注）　$\boldsymbol{a}$ の大きさを $\|\boldsymbol{a}\|$ と表すこともある．

一般のベクトル空間 V における内積の例を挙げよう．

区間 $[a,\ b]$ で連続である実数値関数全体を V とする．ただし，変数を x とおく．V は通常の演算 $f+g,\ \lambda f$ によってベクトル空間になる．

$f,\ g \in V$ に対して

$$(f,\ g) = \int_a^b f(x)g(x)\,dx \tag{1}$$

と定めるとき，(1) は上の性質をもつことが次のようにして示される．

（Ⅰ）　$(f,\ f) = \displaystyle\int_a^b f(x)^2\,dx \geqq 0$

また，連続関数の性質から，$\displaystyle\int_a^b f(x)^2\,dx = 0 \Longleftrightarrow f = 0$ である．

(II)　$\displaystyle\int_a^b f(x)g(x)\,dx = \int_a^b g(x)f(x)\,dx$

(III)　$\displaystyle\int_a^b \{\lambda f(x)\}g(x)\,dx = \lambda\int_a^b f(x)g(x)\,dx$

(IV)　$\displaystyle\int_a^b \{f(x)+g(x)\}h(x)\,dx = \int_a^b f(x)h(x)\,dx + \int_a^b g(x)h(x)\,dx$

以上より，V は (1) を内積とする内積空間である．

ベクトル空間 $P_n(\boldsymbol{R})$ においても，内積を

$$(f,\ g) = \int_{-1}^{1} f(x)g(x)\,dx \tag{2}$$

で定義すれば，$P_n(\boldsymbol{R})$ は内積空間となる．

次元が n である内積空間 V の n 個のベクトルの組 $\boldsymbol{a} = \{\boldsymbol{a}_1,\ \cdots,\ \boldsymbol{a}_n\}$ をとる．$\boldsymbol{a}$ のすべてのベクトルは $\boldsymbol{o}$ でなく，かつ，互いに直交しているならば，$\boldsymbol{a}$ は線形独立，すなわち基底となる．

問 11　40 ページと同様にして，これを証明せよ．

さらに，$\boldsymbol{a}$ のすべてのベクトルの大きさが 1，すなわち

$$|\boldsymbol{a}_j| = 1 \quad (j = 1,\ \cdots,\ n)$$

であるとき，$\boldsymbol{a}$ を内積空間 V の**正規直交基底**という．

数ベクトル空間の場合と同様に，グラム・シュミットの直交化により内積空間 V の正規直交基底を作ることができる．

例題 5　$P_2(\boldsymbol{R})$ に内積 (2) を定める．グラム・シュミットの直交化により，基底 $p_0 = 1,\ p_1 = x,\ p_2 = x^2$ から正規直交基底を作れ．

解　まず，$q_0 = p_0$ とおく．

次に，$q_1 = p_1 - \lambda_0 q_0$ とおき，q_0 と q_1 が直交するように λ_0 を定めると

$$\lambda_0 = \frac{(q_0,\ p_1)}{(q_0,\ q_0)}$$

ここで

$$(q_0,\ p_1) = \int_{-1}^{1} x\,dx = 0 \quad よって \quad q_1 = x$$

さらに，$q_2 = p_2 - \lambda_1 q_0 - \lambda_2 q_1$ とおき，同様にして λ_1，λ_2 を定めると

$$\lambda_1 = \frac{(q_0,\ p_2)}{(q_0,\ q_0)},\ \lambda_2 = \frac{(q_1,\ p_2)}{(q_1,\ q_1)}$$

ここで

$$(q_0,\ q_0) = \int_{-1}^{1} dx = 2$$

$$(q_0,\ p_2) = \int_{-1}^{1} x^2\,dx = \frac{2}{3}$$

$$(q_1,\ q_1) = \int_{-1}^{1} x^2\,dx = \frac{2}{3}$$

$$(q_1,\ p_2) = \int_{-1}^{1} x^3\,dx = 0$$

よって，$q_2 = x^2 - \dfrac{1}{3}$ である．

q_0，q_1，q_2 の大きさを計算すると

$$(q_0,\ q_0) = 2 \text{ より} \quad |q_0| = \sqrt{2}$$

$$(q_1,\ q_1) = \frac{2}{3} \text{ より} \quad |q_1| = \sqrt{\frac{2}{3}}$$

$$(q_2,\ q_2) = \int_{-1}^{1}\left(x^2 - \frac{1}{3}\right)^2 dx = \frac{8}{45} \quad \therefore\ |q_2| = \frac{2\sqrt{2}}{3\sqrt{5}}$$

したがって

$$e_0 = \frac{1}{\sqrt{2}},\ e_1 = \sqrt{\frac{3}{2}}x,\ e_2 = \frac{3\sqrt{5}}{2\sqrt{2}}\left(x^2 - \frac{1}{3}\right)$$

と定めると，$\{e_1,\ e_2,\ e_3\}$ は $P_2(\boldsymbol{R})$ の正規直交基底である．　//

（注）　q_0，q_1，q_2，$\cdots$ から，$x = 1$ のときの値が 1 となるように作られた多項式 1，x，$\dfrac{3}{2}\left(x^2 - \dfrac{1}{3}\right)$，$\cdots$ を**ルジャンドル多項式**という．

問12　$P_3(\boldsymbol{R})$ に 100 ページの内積 (2) を定める．グラム・シュミットの直交化により，基底 $\{1,\ x,\ x^2,\ x^3\}$ から正規直交基底を作れ．

自然数 n について

$$c_0 + (c_1 \cos x + s_1 \sin x) + \cdots + (c_n \cos nx + s_n \sin nx) \qquad (3)$$

$$(c_0,\ c_1,\ \cdots,\ c_n,\ s_1,\ \cdots,\ s_n \text{ は実数})$$

と表される関数全体を $F_n(\boldsymbol{R})$ とおくと，$F_n(\boldsymbol{R})$ は

$$1,\ \cos x,\ \sin x,\ \cdots, \cos nx,\ \sin nx \qquad (4)$$

を基底とするベクトル空間である．

$F_n(\boldsymbol{R})$ の関数 $f,\ g$ に対して，内積を

$$(f,\ g) = \int_{-\pi}^{\pi} f(x)g(x)\,dx \qquad (5)$$

で定めると，$F_n(\boldsymbol{R})$ は内積空間になる．

基底 (4) の関数については，$j \neq k$ のとき

$$\int_{-\pi}^{\pi} \cos jx\,dx = 0,\ \int_{-\pi}^{\pi} \sin jx\,dx = 0$$

$$\int_{-\pi}^{\pi} \cos jx \cos kx\,dx = \frac{1}{2}\int_{-\pi}^{\pi} \big(\cos(j+k)x + \cos(j-k)x\big)\,dx = 0$$

などから，互いに直交していることがわかる．

すべての $F_n(\boldsymbol{R})$ を合わせた集合を $F(\boldsymbol{R})$ とおくと，$F(\boldsymbol{R})$ も (5) を内積とする無限次元の内積空間になる．

さらに，(5) の内積から定められる大きさを用いて

$$\lim_{n \to \infty} |f_n - f| = 0 \qquad (6)$$

のとき，関数列 $\{f_n\}$ は f に収束することとする．

区間 $[-\pi,\ \pi]$ で定義された関数 f が $F(\boldsymbol{R})$ の関数列 $\{f_n\}$ の極限であれば，f はフーリエ級数で表されることになる．これが，関数列の収束を (6) で定めたときのフーリエ級数の理論である．

§2 複素数ベクトル空間

2・1 定義と性質

複素数 $z = x + yi$（x, y は実数）において，x, y をそれぞれ複素数 z の**実部**，**虚部**という．これらをそれぞれ $\mathrm{Re}\, z$, $\mathrm{Im}\, z$ と書くこともある．

$z_1 = x_1 + y_1 i$, $z_2 = x_2 + y_2 i$ の和と積を次のように定める．

$$z_1 + z_2 = (x_1 + x_2) + (y_1 + y_2)i$$

$$z_1 z_2 = (x_1 x_2 - y_1 y_2) + (x_1 y_2 + x_2 y_1)i$$

また，複素数 $z = x + yi$ について，z の**絶対値** $|z|$ と**共役複素数** $\overline{z}$ を

$$|z| = \sqrt{x^2 + y^2} \tag{1}$$

$$\overline{z} = x - yi \tag{2}$$

で定める．z と $\overline{z}$ は，複素数平面において，実軸に関して対称である．

複素数 z, w について，次の性質が成り立つ．

共役複素数の性質

(I)　$\overline{\overline{z}} = z$

(II)　$z + \overline{z} = 2\,\mathrm{Re}\, z$

(III)　$z\overline{z} = |z|^2$

(IV)　$\overline{z + w} = \overline{z} + \overline{w}$

(V)　$\overline{zw} = \overline{z}\,\overline{w}$

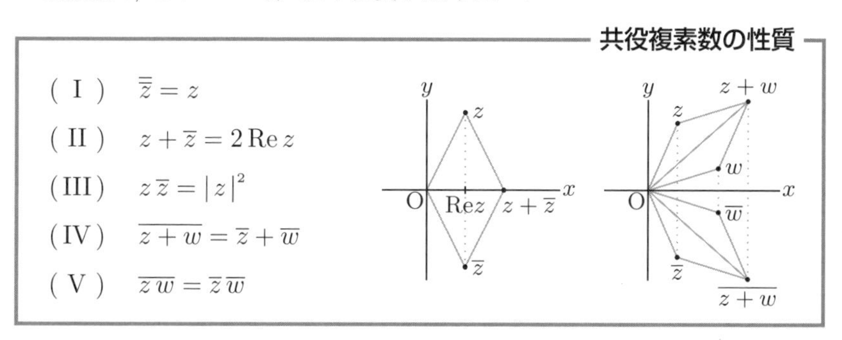

問 13　上の性質 (III)，(V) を証明せよ．

複素数全体からなる集合を $\boldsymbol{C}$ で表す．n を自然数とするとき，n 個の複素数の組を **n 次元複素数ベクトル**といい，これらのベクトル全体を $\boldsymbol{C}^n$ で表す．また，複素数ベクトルに対して，$\boldsymbol{C}$ の要素すなわち複素数のことを**スカラー**という．$\boldsymbol{C}^n$ に $\boldsymbol{R}^n$ と同様な和とスカラー倍の演算を定めると，こ

れらはベクトル空間の公理を満たすから，$\boldsymbol{C}^n$ はベクトル空間になる．$\boldsymbol{C}^n$ を $\boldsymbol{n}$ **次元複素数ベクトル空間**という．

$\boldsymbol{C}^n$ のベクトルの組が線形独立であることは，$\boldsymbol{R}^n$ と同様に定義される．また，基底，成分，線形変換，線形写像，部分空間，次元なども同様である．

本節では，複素数を成分とする行列を考えることにする．また，行列 $A = (\alpha_{ij})$ （α_{ij} は複素数）について，$\overline{\alpha_{ij}}$ を成分とする行列を $\overline{A}$ と書く．列ベクトルや行ベクトルについても同様に定める．

例題 6　$\boldsymbol{C}^3$ における次のベクトルの組 $\{\boldsymbol{a}_1, \boldsymbol{a}_2, \boldsymbol{a}_3\}$ は線形独立，すなわち $\boldsymbol{C}^3$ の基底であることを証明せよ．

$$\boldsymbol{a}_1 = \begin{pmatrix} 1 \\ 1-i \\ i \end{pmatrix}, \ \boldsymbol{a}_2 = \begin{pmatrix} 1+i \\ 3 \\ 1+i \end{pmatrix}, \ \boldsymbol{a}_3 = \begin{pmatrix} 0 \\ -1 \\ 2i \end{pmatrix}$$

解　$\boldsymbol{a}_1, \boldsymbol{a}_2, \boldsymbol{a}_3$ を並べてできる行列の階数が3であることを示す．

$$\begin{pmatrix} 1 & 1+i & 0 \\ 1-i & 3 & -1 \\ i & 1+i & 2i \end{pmatrix} \xrightarrow[3\text{行}-1\text{行}\times i]{2\text{行}-1\text{行}\times(1-i)} \begin{pmatrix} 1 & 1+i & 0 \\ 0 & 1 & -1 \\ 0 & 2 & 2i \end{pmatrix}$$

$$\xrightarrow{3\text{行}-2\text{行}\times 2} \begin{pmatrix} 1 & 1+i & 0 \\ 0 & 1 & -1 \\ 0 & 0 & 2+2i \end{pmatrix}$$

$\mathrm{rank}\,(\boldsymbol{a}_1 \ \ \boldsymbol{a}_2 \ \ \boldsymbol{a}_3) = 3$ となるから，線形独立である．　//

問 14　次のベクトルの組は線形独立か線形従属かを調べよ．

$$\boldsymbol{a}_1 = \begin{pmatrix} 1 \\ 1 \\ 1+i \end{pmatrix}, \ \boldsymbol{a}_2 = \begin{pmatrix} i \\ 1+i \\ i \end{pmatrix}, \ \boldsymbol{a}_3 = \begin{pmatrix} 1 \\ 1+i \\ 1+2i \end{pmatrix}$$

2・2　$\boldsymbol{C}^n$ における内積

$\boldsymbol{R}^n$ における内積は，$\boldsymbol{a}$, $\boldsymbol{b}$ の第 i 成分をそれぞれ a_i, b_i とするとき

$$\boldsymbol{a}\cdot\boldsymbol{b} = a_1b_1 + \cdots + a_nb_n \tag{1}$$

で定義された．このとき

$$\boldsymbol{a}\cdot\boldsymbol{a} = {a_1}^2 + \cdots + {a_n}^2 \geqq 0 \tag{2}$$

であり，$\boldsymbol{a}$ の大きさは，$|\boldsymbol{a}| = \sqrt{\boldsymbol{a}\cdot\boldsymbol{a}}$ と定められた．

しかし，$\boldsymbol{C}^n$ においては，(2) は必ずしも成り立たない．例えば

$$\begin{pmatrix} 1 \\ 2i \end{pmatrix}\cdot\begin{pmatrix} 1 \\ 2i \end{pmatrix} = 1 + (2i)^2 = 1 - 4 = -3$$

そこで，103 ページの (III) の性質に着目して

$$\boldsymbol{a}\cdot\boldsymbol{b} = \overline{a_1}\,b_1 + \cdots + \overline{a_n}\,b_n \tag{3}$$

で定義することにする．このとき

$$\boldsymbol{a}\cdot\boldsymbol{a} = \overline{a_1}\,a_1 + \cdots + \overline{a_n}\,a_n = |a_1|^2 + \cdots + |a_n|^2 \geqq 0 \tag{4}$$

となるから，実数の場合と同様に $\boldsymbol{a}$ の大きさが定められる．

(3) の内積を $\boldsymbol{C}^n$ の内積または**エルミート内積**といい，ベクトル $\boldsymbol{a}$, $\boldsymbol{b}$, $\boldsymbol{c}$ とスカラー λ について，次の性質が成り立つ．

$\boldsymbol{C}^n$ の内積の性質

(Ⅰ)　$\boldsymbol{a}\cdot\boldsymbol{a} \geqq 0$　（等号成立は $\boldsymbol{a} = \boldsymbol{o}$ の場合に限る）

(Ⅱ)　$\boldsymbol{a}\cdot\boldsymbol{b} = \overline{\boldsymbol{b}\cdot\boldsymbol{a}}$

(Ⅲ)　$(\lambda\boldsymbol{a})\cdot\boldsymbol{b} = \overline{\lambda}(\boldsymbol{a}\cdot\boldsymbol{b})$,　$\boldsymbol{a}\cdot(\lambda\boldsymbol{b}) = \lambda(\boldsymbol{a}\cdot\boldsymbol{b})$

(Ⅳ)　$\boldsymbol{a}\cdot(\boldsymbol{b}\pm\boldsymbol{c}) = \boldsymbol{a}\cdot\boldsymbol{b}\pm\boldsymbol{a}\cdot\boldsymbol{c}$,　$(\boldsymbol{a}\pm\boldsymbol{b})\cdot\boldsymbol{c} = \boldsymbol{a}\cdot\boldsymbol{c}\pm\boldsymbol{b}\cdot\boldsymbol{c}$

問 15　上の性質の (Ⅱ) を証明せよ．

問 16　次のベクトルについて，$\boldsymbol{a}\cdot\boldsymbol{b}$, $|\boldsymbol{a}|$, $|\boldsymbol{b}|$ を求めよ．

$$\boldsymbol{a} = \begin{pmatrix} 2+i \\ 3i \end{pmatrix},\quad \boldsymbol{b} = \begin{pmatrix} 5 \\ 1-i \end{pmatrix}$$

2·3 固有値と固有ベクトル

固有値，固有ベクトルも実数の場合と同様に求められる．

例題 7 $A = \begin{pmatrix} 0 & 2i & 0 \\ -2i & 0 & 0 \\ 0 & 0 & 2 \end{pmatrix}$ の固有値と固有ベクトルを求めよ．

解 $|A - \lambda E| = \lambda^2(2-\lambda) + (2i)^2(2-\lambda) = -(\lambda-2)^2(\lambda+2)$ より

固有値は　$\lambda = 2$（2 重解），-2

固有値 2，-2 に対する固有ベクトル $\boldsymbol{x}_1$，$\boldsymbol{x}_2$ を消去法で求めると

$$\boldsymbol{x}_1 = c_1\begin{pmatrix} 0 \\ 0 \\ 1 \end{pmatrix} + c_2\begin{pmatrix} i \\ 1 \\ 0 \end{pmatrix},\quad \boldsymbol{x}_2 = c_3\begin{pmatrix} -i \\ 1 \\ 0 \end{pmatrix}$$

ただし，$(c_1,\ c_2) \neq (0,\ 0)$ かつ $c_3 \neq 0$　//

例題 8 $A = \begin{pmatrix} 0 & -1 \\ 1 & 0 \end{pmatrix}$ を対角化せよ．

（注）A は，平面において原点を中心とする $\dfrac{\pi}{2}$ 回転を表している．

解 $|A - \lambda E| = \lambda^2 + 1$ より，固有値は　$\lambda = \pm i$

固有ベクトルは，$\lambda = i$ のとき $c_1\begin{pmatrix} 1 \\ -i \end{pmatrix}$，$\lambda = -i$ のとき $c_2\begin{pmatrix} 1 \\ i \end{pmatrix}$

$P = \begin{pmatrix} 1 & 1 \\ -i & i \end{pmatrix}$ とおくと　$P^{-1}AP = \begin{pmatrix} i & 0 \\ 0 & -i \end{pmatrix}$　//

問 17 $A = \begin{pmatrix} 2 & i \\ -i & 2 \end{pmatrix}$ を対角化せよ．

2・4　エルミート行列

複素数を成分とする行列 A について，${}^t\overline{A}$ を A^* と表し，A の**随伴行列**という．成分がすべて実数のときは，$\overline{A} = A$ となるから，$A^* = {}^tA$ である．

随伴行列について，次の性質が成り立つ．

随伴行列の性質

(Ⅰ)　$(A^*)^* = A$

(Ⅱ)　$(\lambda A)^* = \overline{\lambda} A^*$　(λ はスカラー)

(Ⅲ)　$(A+B)^* = A^* + B^*,\ (AB)^* = B^*A^*$

証明　15 ページの転置行列の性質と 103 ページの共役複素数の性質を用いる．例えば，(Ⅰ) については，${}^t\overline{A} = \overline{{}^tA}$ より

$$(A^*)^* = {}^t(\overline{A^*}) = {}^t(\overline{{}^t\overline{A}}) = {}^t({}^t\overline{\overline{A}}) = {}^t({}^tA) = A \qquad //$$

$\boldsymbol{C}^n$ の任意のベクトル $\boldsymbol{x}$, $\boldsymbol{y}$ をとるとき

$$A\boldsymbol{x}\cdot\boldsymbol{y} = {}^t(\overline{A\boldsymbol{x}})\boldsymbol{y} = {}^t(\overline{A}\overline{\boldsymbol{x}})\boldsymbol{y} = {}^t\overline{\boldsymbol{x}}\,{}^t\overline{A}\boldsymbol{y} = {}^t\overline{\boldsymbol{x}}\,({}^t\overline{A}\boldsymbol{y}) = \boldsymbol{x}\cdot{}^t\overline{A}\boldsymbol{y}$$

したがって，次の等式が成り立つ．

$$A\boldsymbol{x}\cdot\boldsymbol{y} = \boldsymbol{x}\cdot A^*\boldsymbol{y} \qquad (1)$$

$A^* = A$ を満たす行列を**エルミート行列**という．成分がすべて実数の場合は，$A^* = {}^tA$ より，エルミート行列であることは対称行列と同値である．

例 5　例題 7 の行列および問 17 の行列はエルミート行列である．

A がエルミート行列のとき，(1) より，次の等式が成り立つ．

$$A\boldsymbol{x}\cdot\boldsymbol{y} = \boldsymbol{x}\cdot A\boldsymbol{y} \qquad (2)$$

これは，対称行列の場合に，61 ページ (2) で示した等式である．

問 18　$\begin{pmatrix} 1 & xi & 1 \\ 2i & 2 & y \\ 1 & 3 & zi \end{pmatrix}$ がエルミート行列のとき，実数 x, y, z を求めよ．

2·5 ユニタリ行列

$\boldsymbol{C}^n$ の線形変換，直交性，正規直交基底なども $\boldsymbol{R}^n$ と同様に定められる．また，標準基底 $\boldsymbol{e} = \{\boldsymbol{e}_1,\ \boldsymbol{e}_2,\ \cdots,\ \boldsymbol{e}_n\}$ も $\boldsymbol{R}^n$ と同様である．

$\boldsymbol{C}^n$ の正規直交基底 $\boldsymbol{u} = \{\boldsymbol{u}_1,\ \boldsymbol{u}_2,\ \cdots,\ \boldsymbol{u}_n\}$ をとり，$\boldsymbol{e}$ から $\boldsymbol{u}$ への基底の変換行列を U とおくと，36 ページの公式より

$$U = (\boldsymbol{u}_1\ \boldsymbol{u}_2\ \cdots\ \boldsymbol{u}_n) \tag{1}$$

U^* と U の積を求めると

$$U^*U = \begin{pmatrix} {}^t\overline{\boldsymbol{u}}_1 \\ \vdots \\ {}^t\overline{\boldsymbol{u}}_n \end{pmatrix} (\boldsymbol{u}_1\ \cdots\ \boldsymbol{u}_n) = ({}^t\overline{\boldsymbol{u}}_i \boldsymbol{u}_j) = (\boldsymbol{u}_i \cdot \boldsymbol{u}_j) \tag{2}$$

$\boldsymbol{u}_i \cdot \boldsymbol{u}_j = 0\ (i \neq j)$，$\boldsymbol{u}_i \cdot \boldsymbol{u}_i = |\boldsymbol{u}_i|^2 = 1$ より，(2) の右辺は単位行列 E となるから，$U^{-1} = U^*$ であることがわかる．

逆に，$U^{-1} = U^*$ であれば，(2) の右辺は単位行列になるから，U の列ベクトルの組は $\boldsymbol{C}^n$ の正規直交基底である．

以上より，行列 U について次が成り立つ．

ユニタリ行列

n 次正方行列 U の列ベクトルの組を $\{\boldsymbol{u}_1,\ \boldsymbol{u}_2,\ \cdots,\ \boldsymbol{u}_n\}$ とするとき，次の (1), (2) は同値である．

(1)　$\{\boldsymbol{u}_1,\ \boldsymbol{u}_2,\ \cdots,\ \boldsymbol{u}_n\}$ は正規直交基底である．

(2)　$U^{-1} = U^*$ である．

上の条件を満たす行列 U を**ユニタリ行列**という．

問 19　次の行列はユニタリ行列であることを証明せよ．

$$U = \frac{1}{2}\begin{pmatrix} 1 & i & \sqrt{2}\,i \\ i & -1 & \sqrt{2} \\ 1+i & 1-i & 0 \end{pmatrix}$$

2·6　エルミート行列のユニタリ行列による対角化

エルミート行列の固有値と固有ベクトルについて，次の性質が成り立つ．

エルミート行列の固有値と固有ベクトル

A をエルミート行列とするとき

(Ⅰ)　固有値はすべて実数である．

(Ⅱ)　異なる固有値に対する固有ベクトルは直交する．

(Ⅲ)　A はユニタリ行列により対角化可能である．

証明　(Ⅰ) λ を A の固有値，$\boldsymbol{x}$ を λ に対する固有ベクトルとすると

$$A\boldsymbol{x}\cdot\boldsymbol{x}=(\lambda\boldsymbol{x})\cdot\boldsymbol{x}=\overline{\lambda}(\boldsymbol{x}\cdot\boldsymbol{x})=\overline{\lambda}|\boldsymbol{x}|^2$$

$$\boldsymbol{x}\cdot A\boldsymbol{x}=\boldsymbol{x}\cdot(\lambda\boldsymbol{x})=\lambda(\boldsymbol{x}\cdot\boldsymbol{x})=\lambda|\boldsymbol{x}|^2$$

107 ページの (2) より，$A\boldsymbol{x}\cdot\boldsymbol{x}=\boldsymbol{x}\cdot A\boldsymbol{x}$ が成り立つから

$$\overline{\lambda}|\boldsymbol{x}|^2=\lambda|\boldsymbol{x}|^2$$

$\boldsymbol{x}\neq\boldsymbol{o}$ すなわち $|\boldsymbol{x}|\neq 0$ より，$\overline{\lambda}=\lambda$ となるから，λ は実数である．

(Ⅱ)，(Ⅲ) は，それぞれ 61 ページ，62 ページと同様である．　//

例題 9　106 ページの例題 7 のエルミート行列 A をユニタリ行列により対角化せよ．

解　$\boldsymbol{p}_1=\begin{pmatrix}0\\0\\1\end{pmatrix}$，$\boldsymbol{p}_2=\begin{pmatrix}i\\1\\0\end{pmatrix}$，$\boldsymbol{p}_3=\begin{pmatrix}-i\\1\\0\end{pmatrix}$ とおくと，$\boldsymbol{p}_1$，$\boldsymbol{p}_2$ は固有値 2 に，$\boldsymbol{p}_3$ は固有値 -2 に対する固有ベクトルであり，互いに直交する．

$$\boldsymbol{u}_1=\begin{pmatrix}0\\0\\1\end{pmatrix},\ \boldsymbol{u}_2=\frac{1}{\sqrt{2}}\begin{pmatrix}i\\1\\0\end{pmatrix},\ \boldsymbol{u}_3=\frac{1}{\sqrt{2}}\begin{pmatrix}-i\\1\\0\end{pmatrix}$$

とし，$U=(\boldsymbol{u}_1\ \boldsymbol{u}_2\ \boldsymbol{u}_3)$ とおくと，U はユニタリ行列で

$$U^*AU=\begin{pmatrix}2&0&0\\0&2&0\\0&0&-2\end{pmatrix}$$ //

問20　106ページの問17のエルミート行列をユニタリ行列で対角化せよ．

正方行列 A は，適当なユニタリ行列 U によって対角化されるとする．

$$U^*AU=D\ (D\ \text{は対角行列}) \tag{1}$$

このとき

$$DD^*=U^*AU\,(U^*AU)^*=U^*AUU^*A^*U=U^*AA^*U$$

$$D^*D=(U^*AU)^*\,U^*AU=U^*A^*UU^*AU=U^*A^*AU$$

D は対角行列であり，$DD^*=D^*D$ が成り立つから

$$U^*AA^*U=U^*A^*AU$$

左から U，右から U^* を両辺に掛けると，次の等式が得られる．

$$AA^*=A^*A \tag{2}$$

一般に，(2) を満たす正方行列 A を**正規行列**という．エルミート行列とユニタリ行列はともに正規行列である．

正規行列の固有値と固有ベクトルについて，次の性質が成り立つ．

正規行列の固有値と固有ベクトル

A を正規行列とするとき

(Ⅰ)　$\boldsymbol{x}$ が A の固有値 λ に対する固有ベクトルであれば，$\boldsymbol{x}$ は A^* の固有値 $\overline{\lambda}$ に対する固有ベクトルである．

(Ⅱ)　異なる固有値に対する固有ベクトルは直交する．

証明　(Ⅰ) 107ページの (1) より

$$Ax \cdot Ax = x \cdot A^*Ax = x \cdot AA^*x = A^*x \cdot A^*x$$

したがって　$|Ax| = |A^*x|$

$A - \lambda E$ も正規行列であるから　　$|(A-\lambda E)x| = |(A^* - \overline{\lambda}E)x|$

仮定より，左辺は0となるから，右辺も0となる．

したがって，$A^*x = \overline{\lambda}x$ が得られる．

(II)　$Ax = \lambda x$, $Ay = \mu y$, $\lambda \neq \mu$ とする．

(I) より，$A^*y = \overline{\mu}y$ となるから，107ページの(1)より

$$(\lambda x) \cdot y = x \cdot A^*y = x \cdot \overline{\mu}y \quad \text{すなわち} \quad \overline{\lambda}(x \cdot y) = \overline{\mu}(x \cdot y)$$

これから　$(\overline{\lambda} - \overline{\mu})(x \cdot y) = 0$

$\overline{\lambda} - \overline{\mu} \neq 0$ であるから，$x \cdot y = 0$ となる．　//

n 次の正規行列は，適当なユニタリ行列 U により対角化可能であることが，62ページと同様に証明される．ここでは，$n=2$ の場合に示そう．

2次の正規行列 A の1つの固有値 λ_1 と λ_1 に対する固有ベクトル u_1 を含む C^2 の正規直交基底 $\{u_1, u_2\}$ をとり，$U = (u_1\ u_2)$ とおくと

$$U^*AU = \begin{pmatrix} {}^t\overline{u}_1 \\ {}^t\overline{u}_2 \end{pmatrix} (Au_1\ Au_2) = \begin{pmatrix} u_1 \cdot Au_1 & u_1 \cdot Au_2 \\ u_2 \cdot Au_1 & u_2 \cdot Au_2 \end{pmatrix}$$

$$= \begin{pmatrix} \lambda_1 & A^*u_1 \cdot u_2 \\ 0 & u_2 \cdot Au_2 \end{pmatrix}$$

$A^*u_1 = \overline{\lambda}_1 u_1$ であるから

$$U^*AU = \begin{pmatrix} \lambda_1 & 0 \\ 0 & u_2 \cdot Au_2 \end{pmatrix}$$

が成り立つ．

正規行列のユニタリ行列による対角化

行列 A が正規行列であることは，A がユニタリ行列により対角化可能であるための必要十分条件である．

練習問題

1. 次の行列の組は $M_2(\boldsymbol{R})$ の基底であることを証明せよ．

$$A=\begin{pmatrix}1&1\\0&0\end{pmatrix},\ B=\begin{pmatrix}1&0\\1&0\end{pmatrix},\ C=\begin{pmatrix}1&0\\0&1\end{pmatrix},\ D=\begin{pmatrix}1&1\\1&1\end{pmatrix}$$

2. $P_3(\boldsymbol{R})$ において，3次多項式

$$p(x)=a_0+a_1x+a_2x^2+a_3x^3 \qquad (a_3 \neq 0)$$

を微分して得られる多項式の組 $\{p(x),\ p'(x),\ p''(x),\ p^{(3)}(x)\}$ は $P_3(\boldsymbol{R})$ の基底であることを証明せよ．

3. $P_2(\boldsymbol{R})$ において，$x+2$ をかけて x^3-x で割った余りをとるという線形変換 f を考える．

(1)　基底 $\boldsymbol{p}=\{1,\ x,\ x^2\}$ に関する f の表現行列を求めよ．

(2)　f の固有値と固有ベクトルを求めよ．

4. 次のエルミート行列をユニタリ行列により対角化せよ．

(1)　$A=\begin{pmatrix}1&2i\\-2i&-2\end{pmatrix}$　　　(2)　$B=\begin{pmatrix}0&i&1\\-i&0&-i\\1&i&0\end{pmatrix}$

5. 次の行列がユニタリ行列となるように，a，b，c の値を定めよ．

$$\begin{pmatrix}\dfrac{i}{\sqrt{2}}&\dfrac{i}{\sqrt{3}}&a\\\dfrac{i}{\sqrt{2}}&b&c\\0&\dfrac{1}{\sqrt{3}}&-\dfrac{2}{\sqrt{6}}\end{pmatrix}$$

補章 ジョルダン標準形

§1 2次のジョルダン標準形

以後，n 次正方行列 A をとるとき，標準基底に関して A の表す $\boldsymbol{R}^n$ の線形変換を f とおく．また，線形変換 f すなわち行列 A の固有値 λ に対する固有空間 $\operatorname{Ker}(f-\lambda)$ を $\operatorname{Ker}(A-\lambda E)$ とも書く．

$$\operatorname{Ker}(A-\lambda E)=\{\boldsymbol{x}\in\boldsymbol{R}^n \mid (A-\lambda E)\,\boldsymbol{x}=\boldsymbol{o}\} \tag{1}$$

A の異なる固有値を $\lambda_1,\ \cdots,\ \lambda_r$ とおくとき

$$\dim\operatorname{Ker}(A-\lambda_1 E)+\cdots+\dim\operatorname{Ker}(A-\lambda_r E)=n \tag{2}$$

であれば，固有ベクトルからなる $\boldsymbol{R}^n$ の基底が作られるから，A は対角化可能である．一方，(2) が成り立たない場合は対角化可能ではない．

例1　$A=\begin{pmatrix} 0 & 1 \\ -4 & 4 \end{pmatrix}$

固有方程式は　$|A-\lambda E|=(\lambda-2)^2=0$

固有値は 2（2 重解）で，その固有空間は

$$\boldsymbol{p}_1=\begin{pmatrix} 1 \\ 2 \end{pmatrix} \text{ とおくと}\quad \operatorname{Ker}(A-2E)=\{\,c\boldsymbol{p}_1 \mid c\in\boldsymbol{R}\}$$

$\dim\operatorname{Ker}(A-2\,E)=1$ であるから，対角化可能ではない．

対角化可能でない場合でも，対角行列に近い形の行列に変形することができる．例えば，2 次正方行列 A について，A の固有値 λ が 2 重解で，かつ $\dim \mathrm{Ker}\,(A-\lambda E)=1$ であれば，次を満たす正則行列 P が存在する．

$$P^{-1}AP=\begin{pmatrix}\lambda & 1\\ 0 & \lambda\end{pmatrix} \tag{3}$$

(3) の右辺の形の行列と対角行列を合わせて**ジョルダン標準形**という．

2 次正方行列 A について，上のことを証明しよう．

まず，$A=(a_{ij})$ とおくとき，次の等式が成り立つ．

$$A^2-(a_{11}+a_{22})A+(a_{11}a_{22}-a_{12}a_{21})E=O \tag{4}$$

（注 1）　(4) の左辺は A の固有多項式 $|A-\lambda E|$ の λ に行列 A を代入し，定数項に E を掛けて得られる．(4) を**ケイリー・ハミルトンの定理**という．

問 1　等式 (4) を証明せよ．

特に，A の固有値 λ が 2 重解のときは，(4) より

$$(A-\lambda E)^2=O$$

となるから，$\mathrm{Ker}\,(A-\lambda E)^2=\boldsymbol{R}^2$ であり，次の関係が成り立つ．

$$\mathrm{Ker}\,(A-\lambda E)\subset \mathrm{Ker}\,(A-\lambda E)^2=\boldsymbol{R}^2 \tag{5}$$

（注 2）　$(A-\lambda E)\,\boldsymbol{x}=\boldsymbol{o}$ であれば

$$(A-\lambda E)^2\,\boldsymbol{x}=(A-\lambda E)(A-\lambda E)\,\boldsymbol{x}=\boldsymbol{o}$$

となるから，(5) の左側の包含関係は常に成り立つ．

固有空間 $\mathrm{Ker}\,(A-\lambda E)$ の次元が 1 であれば，固有値 λ に対する固有ベクトルの 1 つを $\boldsymbol{p}_1$ とおくとき，$\{\boldsymbol{p}_1\}$ は $\mathrm{Ker}\,(A-\lambda E)$ の基底となる．

また，$\mathrm{Ker}\,(A-\lambda E)$ に属さないベクトル $\boldsymbol{y}$ をとれば，(5) より

$$(A-\lambda E)^2\,\boldsymbol{y}=(A-\lambda E)(A-\lambda E)\,\boldsymbol{y}=\boldsymbol{o}$$

となるから，$(A-\lambda E)\,\boldsymbol{y}\in \mathrm{Ker}\,(A-\lambda E)$ である．

したがって，$\boldsymbol{p}_1$ が $\mathrm{Ker}\,(A-\lambda E)$ の基底であることより

$$(A-\lambda E)\,\boldsymbol{y} = c\,\boldsymbol{p}_1 \quad (c \neq 0)$$

これから，$\boldsymbol{p}_2 = \dfrac{1}{c}\boldsymbol{y}$ とおくと，次の等式が成り立つ．

$$(A-\lambda E)\,\boldsymbol{p}_2 = \boldsymbol{p}_1 \tag{6}$$

このとき，$\boldsymbol{p}_1$，$\boldsymbol{p}_2$ は線形独立である．実際，$c_1\boldsymbol{p}_1 + c_2\boldsymbol{p}_2 = \boldsymbol{o}$ の両辺に左から $(A-\lambda E)$ を掛けると

$$c_1(A-\lambda E)\,\boldsymbol{p}_1 + c_2(A-\lambda E)\,\boldsymbol{p}_2 = \boldsymbol{o} \quad \text{すなわち} \quad c_2\,\boldsymbol{p}_1 = \boldsymbol{o}$$

$\boldsymbol{p}_1 \neq \boldsymbol{o}$ から $c_2 = 0$ となり，したがって，$c_1 = c_2 = 0$ が得られるからである．これから，$\boldsymbol{p} = \{\boldsymbol{p}_1,\ \boldsymbol{p}_2\}$ は $\boldsymbol{R}^2$ の基底となる．

53ページの公式を用いて，f の $\boldsymbol{p}$ に関する表現行列 B を求めよう．

まず，$\boldsymbol{p}_1$ については $A\,\boldsymbol{p}_1 = \lambda\,\boldsymbol{p}_1$ である．また

$$(A-\lambda E)\,\boldsymbol{p}_2 = \boldsymbol{p}_1 \text{ より} \quad A\boldsymbol{p}_2 = \boldsymbol{p}_1 + \lambda\,\boldsymbol{p}_2$$

B は，$A\boldsymbol{p}_1$，$A\boldsymbol{p}_2$ の $\boldsymbol{p}$ に関する成分を並べて得られるから

$$B = \begin{pmatrix} \lambda & 1 \\ 0 & \lambda \end{pmatrix} \tag{7}$$

であり，54ページの公式により，$P^{-1}AP = B$，すなわち (3) が得られる．ただし，$P = (\boldsymbol{p}_1 \ \ \boldsymbol{p}_2)$ である．

例 2　113ページの例1について，拡大係数行列 $(A-2E \ \ \boldsymbol{p}_1)$ を変形して

$$\begin{pmatrix} -2 & 1 & 1 \\ -4 & 2 & 2 \end{pmatrix} \to \begin{pmatrix} 2 & -1 & -1 \\ 0 & 0 & 0 \end{pmatrix} \quad \text{よって} \quad \boldsymbol{p}_2 = \begin{pmatrix} 0 \\ 1 \end{pmatrix}$$

と定めると

$$P^{-1}AP = \begin{pmatrix} 2 & 1 \\ 0 & 2 \end{pmatrix}, \quad P = (\boldsymbol{p}_1 \ \ \boldsymbol{p}_2) = \begin{pmatrix} 1 & 0 \\ 2 & 1 \end{pmatrix}$$

問 2　$A = \begin{pmatrix} -3 & 1 \\ -1 & -1 \end{pmatrix}$ をジョルダン標準形に変形せよ．

§2　3次のジョルダン標準形

n 次正方行列 A の固有値 λ について

$$\mathrm{Ker}\,(A-\lambda E)^k = \{\boldsymbol{x} \in \boldsymbol{R}^n \mid (A-\lambda E)^k \boldsymbol{x} = \boldsymbol{o}\} \tag{1}$$

を**一般化固有空間**という．ただし，$k = 1,\ 2,\ \cdots,\ n$ である．

このとき，114 ページの注 2 と同様に，次が成り立つ．

$$\mathrm{Ker}\,(A-\lambda E) \subset \mathrm{Ker}\,(A-\lambda E)^2 \subset \mathrm{Ker}\,(A-\lambda E)^3 \subset \cdots \tag{2}$$

A の固有値 λ の一般化固有空間について，次のことが知られている．

一般化固有空間の性質

A の固有値 λ が m 重解のとき，m 以下の正の整数 k が存在して

$$\dim \mathrm{Ker}\,(A-\lambda E)^k = m \tag{3}$$

以下，k は (3) を満たす最小の正の整数とする．

(3) より，次のことが証明される．

$$j < k \text{ のとき}\quad \mathrm{Ker}\,(A-\lambda E)^j \subsetneqq \mathrm{Ker}\,(A-\lambda E)^{j+1} \tag{4}$$

証明　$\mathrm{Ker}\,(A-\lambda E)^j = \mathrm{Ker}\,(A-\lambda E)^{j+1}$ と仮定する．

このとき，任意の $\boldsymbol{x} \in \mathrm{Ker}\,(A-\lambda E)^{j+2}$ について

$$(A-\lambda E)^{j+1}(A-\lambda E)\,\boldsymbol{x} = \boldsymbol{o}$$

となるから

$$(A-\lambda E)\,\boldsymbol{x} \in \mathrm{Ker}\,(A-\lambda E)^{j+1} = \mathrm{Ker}\,(A-\lambda E)^j$$

したがって　$(A-\lambda E)^j(A-\lambda E)\,\boldsymbol{x} = \boldsymbol{o}$

これから，$\boldsymbol{x} \in \mathrm{Ker}\,(A-\lambda E)^{j+1}$ が成り立つ．すなわち

$$\mathrm{Ker}\,(A-\lambda E)^{j+1} = \mathrm{Ker}\,(A-\lambda E)^{j+2} \tag{5}$$

が示される．(5) を繰り返し用いることにより

$$\mathrm{Ker}\,(A-\lambda E)^j = \cdots = \mathrm{Ker}\,(A-\lambda E)^k$$

これは，k が (3) を満たす最小の正の整数であることに反する．　//

Aは3次正方行列とし，Aの固有方程式が重解をもつ場合を考えよう．ただし，解すなわち固有値はすべて実数とし，固有多項式を$p_A(\lambda)$とおく．

1. $p_A(\lambda)=-(\lambda-\lambda_1)(\lambda-\lambda_2)^2$　$(\lambda_1 \neq \lambda_2)$ **の場合**

116ページの(3)より，$\dim \mathrm{Ker}\,(A-\lambda_1 E)=1$である．

(i)　$\dim \mathrm{Ker}\,(A-\lambda_2 E)=2$のとき

固有ベクトルからなる基底をとることができるから，Aは対角化可能である．

(ii)　$\dim \mathrm{Ker}\,(A-\lambda_2 E)=1$のとき

116ページの(3)より，$\dim \mathrm{Ker}\,(A-\lambda_2 E)^2=2$となる．

固有値λ_1に対する固有ベクトル$\boldsymbol{p}_1$をとり，115ページの2次の場合と同様に$\boldsymbol{p}_2$，$\boldsymbol{p}_3$を，$\boldsymbol{p}_2 \in \mathrm{Ker}\,(A-\lambda_2 E)$，$\boldsymbol{p}_2=(A-\lambda_2 E)\,\boldsymbol{p}_3$を満たすように定めると，$\{\boldsymbol{p}_1,\ \boldsymbol{p}_2,\ \boldsymbol{p}_3\}$は線形独立である．実際

$$c_1\boldsymbol{p}_1+c_2\boldsymbol{p}_2+c_3\boldsymbol{p}_3=\boldsymbol{o}$$

とし，左から$(A-\lambda_1 E)$を掛けると

$$c_2(A-\lambda_1 E)\,\boldsymbol{p}_2+c_3(A-\lambda_1 E)\,\boldsymbol{p}_3=\boldsymbol{o}$$

さらに，左から$(A-\lambda_2 E)$を掛けると

$$c_3(A-\lambda_1 E)\,\boldsymbol{p}_2=\boldsymbol{o}$$

これから，$c_3=c_2=c_1=0$が得られるからである．

したがって，$\{\boldsymbol{p}_1,\ \boldsymbol{p}_2,\ \boldsymbol{p}_3\}$は$\boldsymbol{R}^3$の基底で

$$P^{-1}AP=\begin{pmatrix}\lambda_1 & 0 & 0\\ 0 & \lambda_2 & 1\\ 0 & 0 & \lambda_2\end{pmatrix}\quad \text{ただし } P=(\boldsymbol{p}_1\ \ \boldsymbol{p}_2\ \ \boldsymbol{p}_3)$$

右辺がAのジョルダン標準形になる．

例題 1　$A=\begin{pmatrix} 2 & 1 & 0 \\ 1 & 2 & 0 \\ 1 & 1 & 3 \end{pmatrix}$ をジョルダン標準形に変形せよ．

解　$p_A(\lambda)=-(\lambda-1)(\lambda-3)^2=0$ より，固有値は　1，3（2 重解）

固有値 1，3 に対する固有ベクトルはそれぞれ

$$c_1\begin{pmatrix} -1 \\ 1 \\ 0 \end{pmatrix}=c_1\boldsymbol{p}_1,\ c_2\begin{pmatrix} 0 \\ 0 \\ 1 \end{pmatrix}=c_2\boldsymbol{p}_2$$

$(A-3E)\boldsymbol{x}=\boldsymbol{p}_2$ となる $\boldsymbol{x}$ を消去法で求めると

$$\begin{pmatrix} -1 & 1 & 0 & 0 \\ 1 & -1 & 0 & 0 \\ 1 & 1 & 0 & 1 \end{pmatrix} \longrightarrow \begin{pmatrix} 1 & -1 & 0 & 0 \\ 0 & 0 & 0 & 0 \\ 0 & 2 & 0 & 1 \end{pmatrix} \longrightarrow \begin{pmatrix} 1 & -1 & 0 & 0 \\ 0 & 2 & 0 & 1 \\ 0 & 0 & 0 & 0 \end{pmatrix}$$

より，$\boldsymbol{x}=\begin{pmatrix} \frac{1}{2} \\ \frac{1}{2} \\ c_3 \end{pmatrix}$ となる．$c_3=0$ とおき，$\boldsymbol{p}_3=\begin{pmatrix} \frac{1}{2} \\ \frac{1}{2} \\ 0 \end{pmatrix}$ とする．

このとき，$\boldsymbol{p}_3\in\mathrm{Ker}\,(A-3E)^2$ で，$\{\boldsymbol{p}_1,\ \boldsymbol{p}_2,\ \boldsymbol{p}_3\}$ は $\boldsymbol{R}^3$ の基底になる．

したがって，$P=(\boldsymbol{p}_1\ \ \boldsymbol{p}_2\ \ \boldsymbol{p}_3)$ とおくと

$$P^{-1}AP=\begin{pmatrix} 1 & 0 & 0 \\ 0 & 3 & 1 \\ 0 & 0 & 3 \end{pmatrix}$$

//

問 3　$A=\begin{pmatrix} 5 & -8 & 4 \\ 5 & -7 & 3 \\ 4 & -4 & 1 \end{pmatrix}$ をジョルダン標準形に変形せよ．

2. $p_A(\lambda)=-(\lambda-\lambda_1)^3$ の場合

(i)　$\dim \mathrm{Ker}\,(A-\lambda_1 E)=3$ のとき

固有ベクトルからなる基底をとることができるから，A は対角化可能である．

(ii)　$\dim \mathrm{Ker}\,(A-\lambda_1 E)=2$ のとき

116ページの (3), (4) より，$\dim \mathrm{Ker}\,(A-\lambda_1 E)^2=3$ となる．$\mathrm{Ker}\,(A-\lambda_1 E)^2$ すなわち $\boldsymbol{R}^3$ のベクトルで $\mathrm{Ker}\,(A-\lambda_1 E)$ には属さないものを1つとり，$\boldsymbol{p}_3$ とする．$(A-\lambda_1 E)\boldsymbol{p}_3=\boldsymbol{p}_2$ とおくと

$$(A-\lambda_1 E)\boldsymbol{p}_2=\boldsymbol{o},\ \boldsymbol{p}_2\neq\boldsymbol{o}$$

したがって，$\boldsymbol{p}_2$ を含む $\mathrm{Ker}\,(A-\lambda_1 E)$ の基底 $\{\boldsymbol{p}_1,\ \boldsymbol{p}_2\}$ をとることができる．このとき，$\{\boldsymbol{p}_1,\ \boldsymbol{p}_2,\ \boldsymbol{p}_3\}$ は $\boldsymbol{R}^3$ の基底であり

$$P^{-1}AP=\begin{pmatrix}\lambda_1 & 0 & 0\\ 0 & \lambda_1 & 1\\ 0 & 0 & \lambda_1\end{pmatrix}\quad ただし\ P=(\boldsymbol{p}_1\ \ \boldsymbol{p}_2\ \ \boldsymbol{p}_3)$$

右辺が A のジョルダン標準形になる．

(iii)　$\dim \mathrm{Ker}\,(A-\lambda_1 E)=1$ のとき

115ページと同様にして，$\dim \mathrm{Ker}\,(A-\lambda_1 E)^2=2$ が示されるから，116ページの (3) より，$\dim \mathrm{Ker}\,(A-\lambda_1 E)^3=3$ となる．$\boldsymbol{R}^3$ のベクトルで $\mathrm{Ker}\,(A-\lambda_1 E)^2$ には属さないものを1つとり，$\boldsymbol{p}_3$ とする．$(A-\lambda_1 E)\boldsymbol{p}_3=\boldsymbol{p}_2$，$(A-\lambda_1 E)\boldsymbol{p}_2=\boldsymbol{p}_1$ とおくと，$\{\boldsymbol{p}_1,\ \boldsymbol{p}_2,\ \boldsymbol{p}_3\}$ は $\boldsymbol{R}^3$ の基底であることが示される．したがって

$$P^{-1}AP=\begin{pmatrix}\lambda_1 & 1 & 0\\ 0 & \lambda_1 & 1\\ 0 & 0 & \lambda_1\end{pmatrix}\quad ただし\ P=(\boldsymbol{p}_1\ \ \boldsymbol{p}_2\ \ \boldsymbol{p}_3)$$

右辺が A のジョルダン標準形になる．

例題 2 次の行列 A, B をジョルダン標準形に変形せよ.

(1) $A = \begin{pmatrix} -3 & 0 & -4 \\ 0 & -1 & 0 \\ 1 & 0 & 1 \end{pmatrix}$ (2) $B = \begin{pmatrix} 3 & -1 & -2 \\ 2 & 0 & -3 \\ -1 & 1 & 3 \end{pmatrix}$

解 (1) $p_A(\lambda) = -(\lambda+1)^3$ より, 固有値は -1 (3 重解)

$$A + E = \begin{pmatrix} -2 & 0 & -4 \\ 0 & 0 & 0 \\ 1 & 0 & 2 \end{pmatrix} \to \begin{pmatrix} 1 & 0 & 2 \\ 0 & 0 & 0 \\ 0 & 0 & 0 \end{pmatrix}$$

より, $\dim \mathrm{Ker}\,(A+E) = 2$ で, 例えば

$$\boldsymbol{p}_3 = \begin{pmatrix} 1 \\ 0 \\ 0 \end{pmatrix} \text{ とおくと } \quad \boldsymbol{p}_3 \notin \mathrm{Ker}\,(A+E)$$

このとき, 例えば, $\boldsymbol{p}_2$, $\boldsymbol{p}_1$ を

$$\boldsymbol{p}_2 = (A+E)\,\boldsymbol{p}_3 = \begin{pmatrix} -2 \\ 0 \\ 1 \end{pmatrix} \text{ および } \boldsymbol{p}_1 = \begin{pmatrix} 0 \\ 1 \\ 0 \end{pmatrix}$$

で定めると, $\{\boldsymbol{p}_1, \boldsymbol{p}_2\}$ は $\mathrm{Ker}\,(A+E)$ の基底, $\{\boldsymbol{p}_1, \boldsymbol{p}_2, \boldsymbol{p}_3\}$ は $\boldsymbol{R}^3$ の基底となる. $P = (\boldsymbol{p}_1\ \ \boldsymbol{p}_2\ \ \boldsymbol{p}_3)$ とおくと

$$P^{-1}AP = \begin{pmatrix} -1 & 0 & 0 \\ 0 & -1 & 1 \\ 0 & 0 & -1 \end{pmatrix}$$

(2) $p_B(\lambda) = -(\lambda-2)^3$ より, 固有値は 2 (3 重解)

$$B-2E=\begin{pmatrix}1 & -1 & -2\\ 2 & -2 & -3\\ -1 & 1 & 1\end{pmatrix}\to\begin{pmatrix}1 & -1 & -2\\ 0 & 0 & 1\\ 0 & 0 & 0\end{pmatrix}$$

より，$\dim \mathrm{Ker}\,(B-2E)=1$ である．また

$$(B-2E)^2=\begin{pmatrix}1 & -1 & -1\\ 1 & -1 & -1\\ 0 & 0 & 0\end{pmatrix}\to\begin{pmatrix}1 & -1 & -1\\ 0 & 0 & 0\\ 0 & 0 & 0\end{pmatrix}$$

より，$\dim \mathrm{Ker}\,(B-2E)^2=2$ で，例えば

$$\boldsymbol{p}_3=\begin{pmatrix}1\\ 0\\ 0\end{pmatrix} \text{ とおくと } \quad \boldsymbol{p}_3\notin \mathrm{Ker}\,(B-2E)^2$$

このとき

$$\boldsymbol{p}_2=(B-2E)\,\boldsymbol{p}_3=\begin{pmatrix}1\\ 2\\ -1\end{pmatrix},\ \boldsymbol{p}_1=(B-2E)\,\boldsymbol{p}_2=\begin{pmatrix}1\\ 1\\ 0\end{pmatrix}$$

$$P=(\boldsymbol{p}_1\ \ \boldsymbol{p}_2\ \ \boldsymbol{p}_3)=\begin{pmatrix}1 & 1 & 1\\ 1 & 2 & 0\\ 0 & -1 & 0\end{pmatrix}$$

とおくと　$P^{-1}BP=\begin{pmatrix}2 & 1 & 0\\ 0 & 2 & 1\\ 0 & 0 & 2\end{pmatrix}$　　//

問 4　$A=\begin{pmatrix}6 & -2 & -1\\ 3 & 1 & -1\\ 2 & -1 & 2\end{pmatrix}$ をジョルダン標準形に変形せよ．

行列 A のべき乗 A^n（n は正の整数）をジョルダン標準形によって計算することができる．そのためには，正方行列の次の性質が用いられる．

(1)　$AB=BA$ で，m は正の整数のとき，二項定理

$$(A+B)^m = A^m + {}_m\mathrm{C}_1 A^{m-1}B + \cdots + {}_m\mathrm{C}_{m-1}AB^{m-1} + B^m$$

が成り立つ．

(2)　$i \geqq j$ のとき $a_{ij}=0$ である行列 $A=(a_{ij})$ について　$A^n=O$

(1), (2) の具体例を挙げておくことにする．

(1)　$(A+B)^2=(A+B)(A+B)=A^2+AB+BA+B^2=A^2+2AB+B^2$

(2)　$A=\begin{pmatrix} 0 & 3 & 2 \\ 0 & 0 & 1 \\ 0 & 0 & 0 \end{pmatrix}$ のとき　$A^2=\begin{pmatrix} 0 & 0 & 3 \\ 0 & 0 & 0 \\ 0 & 0 & 0 \end{pmatrix}$, $A^3=\begin{pmatrix} 0 & 0 & 0 \\ 0 & 0 & 0 \\ 0 & 0 & 0 \end{pmatrix}$

（注）　(2) のように何乗かして O になる行列を**べき零行列**という．

例題 3　118 ページの例題 1 の行列 A について，A^m を求めよ．

解　$P^{-1}AP=\begin{pmatrix} 1 & 0 & 0 \\ 0 & 3 & 1 \\ 0 & 0 & 3 \end{pmatrix}=\begin{pmatrix} 1 & 0 & 0 \\ 0 & 3 & 0 \\ 0 & 0 & 3 \end{pmatrix}+\begin{pmatrix} 0 & 0 & 0 \\ 0 & 0 & 1 \\ 0 & 0 & 0 \end{pmatrix}$

右辺の 2 つの行列をそれぞれ D, N と書くと

$$P^{-1}AP=D+N,\ DN=ND$$

$(P^{-1}AP)^m=P^{-1}A^mP$, $N^2=O$ に注意して，両辺を m 乗すると

$$P^{-1}A^mP=D^m+{}_m\mathrm{C}_1D^{m-1}N$$

また

$$D^m=\begin{pmatrix} 1 & 0 & 0 \\ 0 & 3^m & 0 \\ 0 & 0 & 3^m \end{pmatrix},\ D^{m-1}N=\begin{pmatrix} 0 & 0 & 0 \\ 0 & 0 & 3^{m-1} \\ 0 & 0 & 0 \end{pmatrix}$$

であるから

$$P^{-1}A^mP = \begin{pmatrix} 1 & 0 & 0 \\ 0 & 3^m & 0 \\ 0 & 0 & 3^m \end{pmatrix} + m\begin{pmatrix} 0 & 0 & 0 \\ 0 & 0 & 3^{m-1} \\ 0 & 0 & 0 \end{pmatrix}$$

$$= \begin{pmatrix} 1 & 0 & 0 \\ 0 & 3^m & m\,3^{m-1} \\ 0 & 0 & 3^m \end{pmatrix}$$

$P = \begin{pmatrix} -1 & 0 & \frac{1}{2} \\ 1 & 0 & \frac{1}{2} \\ 0 & 1 & 0 \end{pmatrix}$, $P^{-1} = \begin{pmatrix} -\frac{1}{2} & \frac{1}{2} & 0 \\ 0 & 0 & 1 \\ 1 & 1 & 0 \end{pmatrix}$ を用いて

$$A^m = P\begin{pmatrix} 1 & 0 & 0 \\ 0 & 3^m & m\,3^{m-1} \\ 0 & 0 & 3^m \end{pmatrix}P^{-1} = \begin{pmatrix} \frac{3^m+1}{2} & \frac{3^m-1}{2} & 0 \\ \frac{3^m-1}{2} & \frac{3^m+1}{2} & 0 \\ m\,3^{m-1} & m\,3^{m-1} & 3^m \end{pmatrix}$$ //

問 5　120 ページの例題 2 の行列 B について，B^m を求めよ．

正方行列 A について，e^A を次のように定義することにする．

$$e^A = E + A + \frac{1}{2}A^2 + \cdots = \sum_{k=0}^{\infty}\frac{1}{k!}A^k \quad (\text{ただし } A^0 = E)$$

（注）　上の級数は常に収束することが知られている．

A が例題 1 の行列のとき，$\displaystyle\sum_{k=0}^{\infty}\frac{1}{k!}x^k = e^x$ より e^A は次のようになる．

$$e^A = \begin{pmatrix} \frac{e^3+e}{2} & \frac{e^3-e}{2} & 0 \\ \frac{e^3-e}{2} & \frac{e^3+e}{2} & 0 \\ e^3 & e^3 & e^3 \end{pmatrix}$$

§3　n 次のジョルダン標準形

本章の最初に述べたように，正方行列 A の表す線形変換を f とする．また，一般化固有空間 $\mathrm{Ker}\,(A-\lambda E)^k$ を $\mathrm{Ker}\,(f-\lambda)^k$ とも書く．

まず，固有値 λ_1 が 4 重解である 4 次正方行列 A について考えよう，

116 ページの (3) より，$\dim\mathrm{Ker}\,(A-\lambda E)^k=4$ となる k $(k\leqq 4)$ が存在するが，一般化固有空間の次元は次のように分類される．ただし，行列 $P=(\boldsymbol{p}_1\ \ \boldsymbol{p}_2\ \ \boldsymbol{p}_3\ \ \boldsymbol{p}_4)$ の作り方は 3 次の場合と同様である．

(i)　$\dim\mathrm{Ker}\,(A-\lambda_1 E)=4$

$$P^{-1}AP=\begin{pmatrix}\lambda_1 & 0 & 0 & 0\\ 0 & \lambda_1 & 0 & 0\\ 0 & 0 & \lambda_1 & 0\\ 0 & 0 & 0 & \lambda_1\end{pmatrix}$$

(ii)　$\dim\mathrm{Ker}\,(A-\lambda_1 E)=3,\ \dim\mathrm{Ker}\,(A-\lambda_1 E)^2=4$

$$P^{-1}AP=\begin{pmatrix}\lambda_1 & 0 & 0 & 0\\ 0 & \lambda_1 & 0 & 0\\ 0 & 0 & \lambda_1 & 1\\ 0 & 0 & 0 & \lambda_1\end{pmatrix}$$

(iii)　$\dim\mathrm{Ker}\,(A-\lambda_1 E)=2,\ \dim\mathrm{Ker}\,(A-\lambda_1 E)^2=3,$
$\dim\mathrm{Ker}\,(A-\lambda_1 E)^3=4$

$$P^{-1}AP=\begin{pmatrix}\lambda_1 & 0 & 0 & 0\\ 0 & \lambda_1 & 1 & 0\\ 0 & 0 & \lambda_1 & 1\\ 0 & 0 & 0 & \lambda_1\end{pmatrix}$$

(iv)　$\dim\mathrm{Ker}\,(A-\lambda_1 E)=2,\ \dim\mathrm{Ker}\,(A-\lambda_1 E)^2=4$

$$P^{-1}AP = \begin{pmatrix} \lambda_1 & 1 & 0 & 0 \\ 0 & \lambda_1 & 0 & 0 \\ 0 & 0 & \lambda_1 & 1 \\ 0 & 0 & 0 & \lambda_1 \end{pmatrix}$$

(v)　$\dim \mathrm{Ker}\,(A-\lambda_1 E) = 1,\ \dim \mathrm{Ker}\,(A-\lambda_1 E)^2 = 2,$

$\dim \mathrm{Ker}\,(A-\lambda_1 E)^3 = 3,\ \dim \mathrm{Ker}\,(A-\lambda_1 E)^4 = 4$

$$P^{-1}AP = \begin{pmatrix} \lambda_1 & 1 & 0 & 0 \\ 0 & \lambda_1 & 1 & 0 \\ 0 & 0 & \lambda_1 & 1 \\ 0 & 0 & 0 & \lambda_1 \end{pmatrix}$$

一般に，l 次正方行列 $J(\lambda; l)$ を

$$J(\lambda; l) = \begin{pmatrix} \lambda & 1 & 0 & \cdots & 0 & 0 \\ 0 & \lambda & 1 & \ddots & 0 & 0 \\ \vdots & \ddots & \ddots & \ddots & \ddots & \vdots \\ 0 & 0 & 0 & \ddots & 1 & 0 \\ 0 & 0 & 0 & \ddots & \lambda & 1 \\ 0 & 0 & 0 & \cdots & 0 & \lambda \end{pmatrix}$$

で定め，l 次**ジョルダン細胞**という．ただし，$J(\lambda; 1) = \lambda$ とする．

ジョルダン細胞を次のように並べた行列を**ジョルダン標準形**という．

$$\begin{pmatrix} J(\lambda_1; l_1) & O & \cdots & O \\ O & J(\lambda_2; l_2) & \cdots & O \\ \vdots & \vdots & \ddots & \vdots \\ O & O & \cdots & J(\lambda_r; l_r) \end{pmatrix}$$

（注）　同一の固有値に対するジョルダン細胞は並べて書くのが通常である．

例えば，(i), (ii), (iii), (iv), (v) のジョルダン標準形は，ジョルダン細胞によって次のように表される.

$$\begin{pmatrix} \lambda_1 & 0 & 0 & 0 \\ 0 & \lambda_1 & 0 & 0 \\ 0 & 0 & \lambda_1 & 0 \\ 0 & 0 & 0 & \lambda_1 \end{pmatrix} = \begin{pmatrix} J(\lambda_1;1) & O & O & O \\ O & J(\lambda_1;1) & O & O \\ O & O & J(\lambda_1;1) & O \\ O & O & O & J(\lambda_1;1) \end{pmatrix}$$

$$\begin{pmatrix} \lambda_1 & 0 & 0 & 0 \\ 0 & \lambda_1 & 0 & 0 \\ 0 & 0 & \lambda_1 & 1 \\ 0 & 0 & 0 & \lambda_1 \end{pmatrix} = \begin{pmatrix} J(\lambda_1;1) & O & O \\ O & J(\lambda_1;1) & O \\ O & O & J(\lambda_1;2) \end{pmatrix}$$

$$\begin{pmatrix} \lambda_1 & 0 & 0 & 0 \\ 0 & \lambda_1 & 1 & 0 \\ 0 & 0 & \lambda_1 & 1 \\ 0 & 0 & 0 & \lambda_1 \end{pmatrix} = \begin{pmatrix} J(\lambda_1;1) & O \\ O & J(\lambda_1;3) \end{pmatrix}$$

$$\begin{pmatrix} \lambda_1 & 1 & 0 & 0 \\ 0 & \lambda_1 & 0 & 0 \\ 0 & 0 & \lambda_1 & 1 \\ 0 & 0 & 0 & \lambda_1 \end{pmatrix} = \begin{pmatrix} J(\lambda_1;2) & O \\ O & J(\lambda_1;2) \end{pmatrix}$$

$$\begin{pmatrix} \lambda_1 & 1 & 0 & 0 \\ 0 & \lambda_1 & 1 & 0 \\ 0 & 0 & \lambda_1 & 1 \\ 0 & 0 & 0 & \lambda_1 \end{pmatrix} = \begin{pmatrix} J(\lambda_1;4) \end{pmatrix}$$

例題 4 $A = \begin{pmatrix} 2 & 0 & 1 & 0 \\ -2 & 0 & 1 & -4 \\ 0 & 0 & 2 & 0 \\ 1 & 1 & -1 & 4 \end{pmatrix}$ をジョルダン標準形に変形せよ.

解 $p_A(\lambda) = (\lambda - 2)^4 = 0$ より，固有値は　2（4 重解）

$$A - 2E = \begin{pmatrix} 0 & 0 & 1 & 0 \\ -2 & -2 & 1 & -4 \\ 0 & 0 & 0 & 0 \\ 1 & 1 & -1 & 2 \end{pmatrix} \longrightarrow \begin{pmatrix} 1 & 1 & -1 & 2 \\ 0 & 0 & 1 & 0 \\ 0 & 0 & 0 & 0 \\ 0 & 0 & 0 & 0 \end{pmatrix}$$

よって，$\dim \mathrm{Ker}\,(A - 2E) = 2$ で，例えば

$$\boldsymbol{p}_1 = \begin{pmatrix} -1 \\ 1 \\ 0 \\ 0 \end{pmatrix},\ \boldsymbol{p}_2 = \begin{pmatrix} -2 \\ 0 \\ 0 \\ 1 \end{pmatrix}$$

は $\mathrm{Ker}\,(A - 2E)$ の基底である．また

$$(A - 2E)^2 = \begin{pmatrix} 0 & 0 & 0 & 0 \\ 0 & 0 & 0 & 0 \\ 0 & 0 & 0 & 0 \\ 0 & 0 & 0 & 0 \end{pmatrix} \text{ より}\quad \dim \mathrm{Ker}\,(A - 2E)^2 = 4$$

ここで次の方程式を解き，$\boldsymbol{p}_3$，$\boldsymbol{p}_4$ を求める．

$$(A - 2E)\,\boldsymbol{x} = \boldsymbol{p}_1,\ (A - 2E)\,\boldsymbol{x} = \boldsymbol{p}_2 \tag{1}$$

$$(A - 2E\ \ \boldsymbol{p}_1) = \begin{pmatrix} 0 & 0 & 1 & 0 & -1 \\ -2 & -2 & 1 & -4 & 1 \\ 0 & 0 & 0 & 0 & 0 \\ 1 & 1 & -1 & 2 & 0 \end{pmatrix} \longrightarrow \begin{pmatrix} 1 & 1 & -1 & 2 & 0 \\ 0 & 0 & -1 & 0 & 1 \\ 0 & 0 & 0 & 0 & 0 \\ 0 & 0 & 0 & 0 & 0 \end{pmatrix}$$

$$(A-2E \;\; \boldsymbol{p}_2) = \begin{pmatrix} 0 & 0 & 1 & 0 & -2 \\ -2 & -2 & 1 & -4 & 0 \\ 0 & 0 & 0 & 0 & 0 \\ 1 & 1 & -1 & 2 & 1 \end{pmatrix} \longrightarrow \begin{pmatrix} 1 & 1 & -1 & 2 & 1 \\ 0 & 0 & -1 & 0 & 2 \\ 0 & 0 & 0 & 0 & 0 \\ 0 & 0 & 0 & 0 & 0 \end{pmatrix}$$

これから，例えば

$$\boldsymbol{p}_3 = \begin{pmatrix} 0 \\ -1 \\ -1 \\ 0 \end{pmatrix}, \quad \boldsymbol{p}_4 = \begin{pmatrix} 0 \\ -1 \\ -2 \\ 0 \end{pmatrix}$$

と定め，$P = (\boldsymbol{p}_1 \;\; \boldsymbol{p}_3 \;\; \boldsymbol{p}_2 \;\; \boldsymbol{p}_4)$ とおくと

$$P^{-1}AP = \begin{pmatrix} 2 & 1 & 0 & 0 \\ 0 & 2 & 0 & 0 \\ 0 & 0 & 2 & 1 \\ 0 & 0 & 0 & 2 \end{pmatrix}$$

//

(注)　例題 4 について，(1) の連立 1 次方程式はいずれも解をもつ．実際，次元定理より

$$\dim \mathrm{Im}\,(A-2E) = 4 - \dim \mathrm{Ker}\,(A-2E) = 2$$

したがって，$\mathrm{Ker}\,(A-2E)$ の任意のベクトルは $\mathrm{Im}\,(A-2E)$ の要素になるからである．ここで

$$\mathrm{Im}\,(A-2E) = \{\boldsymbol{x}' \in \boldsymbol{R}^4 \mid \text{ある}\,\boldsymbol{x} \in \boldsymbol{R}^4\,\text{があって}\,(A-2E)\boldsymbol{x} = \boldsymbol{x}'\}$$

そうでない場合は，$\boldsymbol{p}_i$ $(i = 1,\ 2,\ 3,\ 4)$ のとり方に工夫を要する．

問 6　$A = \begin{pmatrix} -3 & 2 & 0 & -1 \\ -2 & 1 & 0 & -1 \\ 4 & -4 & -1 & 2 \\ 0 & 0 & 0 & -1 \end{pmatrix}$ をジョルダン標準形に変形せよ．

n 次正方行列 A が異なる 2 つの固有値 λ_1，λ_2 だけをもつ場合を考えよう．ただし，λ_1，λ_2 はそれぞれ m_1 重解，m_2 重解とする．

$$m_1 + m_2 = n$$

重解でないときは，$m_i = 1$ とし，A の表す線形変換を f とおく．

まず，任意の正の整数 k, l について

$$\mathrm{Ker}\,(f - \lambda_1)^k \cap \mathrm{Ker}\,(f - \lambda_2)^l = \{\boldsymbol{o}\} \tag{2}$$

であることを証明しよう．

(2) が成り立たないと仮定して

$$\boldsymbol{x} \in \mathrm{Ker}\,(f - \lambda_1)^k \cap \mathrm{Ker}\,(f - \lambda_2)^l,\ \boldsymbol{x} \neq \boldsymbol{o}$$

となる $\boldsymbol{x}$ をとる．$\boldsymbol{x} \in \mathrm{Ker}\,(f - \lambda_2)^l$，かつ

$$\mathrm{Ker}\,(f - \lambda_2) \subset \mathrm{Ker}\,(f - \lambda_2)^2 \subset \cdots \subset \mathrm{Ker}\,(f - \lambda_2)^l$$

であるから，$\boldsymbol{x} \in \mathrm{Ker}\,(f - \lambda_2)^s$ となる最小の正の整数 s が存在する．

$\boldsymbol{u} = (f - \lambda_2)^{s-1}(\boldsymbol{x})$ とおくと $(f - \lambda_2)(\boldsymbol{u}) = \boldsymbol{o}$, $\boldsymbol{u} \neq \boldsymbol{o}$ であるから，$\boldsymbol{u}$ は固有値 λ_2 の固有ベクトルになる．したがって

$$(f - \lambda_1)(\boldsymbol{u}) = f(\boldsymbol{u}) - \lambda_1 \boldsymbol{u} = \lambda_2 \boldsymbol{u} - \lambda_1 \boldsymbol{u} = (\lambda_2 - \lambda_1)\boldsymbol{u}$$

であることから

$$(f - \lambda_1)^k(\boldsymbol{u}) = (\lambda_2 - \lambda_1)^k \boldsymbol{u} \neq \boldsymbol{o} \tag{3}$$

一方

$$\begin{aligned}(f - \lambda_1)^k(\boldsymbol{u}) &= (A - \lambda_1 E)^k \boldsymbol{u} = (A - \lambda_1 E)^k (A - \lambda_2 E)^{s-1} \boldsymbol{x} \\ &= (A - \lambda_2 E)^{s-1} (A - \lambda_1 E)^k \boldsymbol{x} = \boldsymbol{o} \end{aligned} \tag{4}$$

(3) と (4) は矛盾するから，(2) が成り立つ．

λ_1，λ_2 について，116 ページの (3) で定まる最小の正の整数をそれぞれ k_1，k_2 とおく．

$$\dim \mathrm{Ker}\,(f - \lambda_i)^{k_i} = m_i \ (i = 1,\ 2)$$

このとき，(2) と $m_1 + m_2 = n$ より，次が成り立つ．

一般化固有空間による直和分解

$$\mathrm{Ker}\,(f-\lambda_1)^{k_1} \oplus \mathrm{Ker}\,(f-\lambda_2)^{k_2} = \boldsymbol{R}^n \tag{5}$$

$W_i = \mathrm{Ker}\,(f-\lambda_i)^{k_i}$ $(i=1,\ 2)$ とおき，W_i のベクトル $\boldsymbol{x}_i$ をとると

$$(f-\lambda_i)^{k_i}(f-\lambda_i)\boldsymbol{x}_i = \boldsymbol{o} \text{ より } \quad (f-\lambda_i)\boldsymbol{x}_i \in W_i$$

となるから

$$f(\boldsymbol{x}_i) = (f-\lambda_i)(\boldsymbol{x}_i) + \lambda_i \boldsymbol{x}_i \in W_i$$

したがって，f は m_i 次元ベクトル空間 W_i の線形変換と考えることができる．このとき，λ_i が f の固有値であることは明らかである．

逆に，μ は f の固有値とし，μ に対する固有ベクトルを $\boldsymbol{x}$ とすると

$$\boldsymbol{x} \in \mathrm{Ker}\,(f-\mu) \cap W_i = \mathrm{Ker}\,(f-\mu) \cap \mathrm{Ker}\,(f-\lambda_i)^{k_i}$$

したがって，(2) より $\mu = \lambda_i$ が得られる．すなわち，W_i の線形変換 f の固有値は λ_i だけであり，固有方程式は $(\lambda-\lambda_i)^{m_i}=0$ となる．

W_i の 1 つの基底 $\boldsymbol{p}^i$ をとり，W_i の線形変換 f の基底 $\boldsymbol{p}^i$ に関する表現行列を B_i とおく．このとき，(5) より，$\boldsymbol{p}^i$ をすべて合わせると $\boldsymbol{R}^n$ の基底 $\boldsymbol{p}$ ができる．$\boldsymbol{p}^i$ に属するベクトルの f による像は，$\boldsymbol{p}^i$ のベクトルの線形結合で表されるから，53 ページの公式より，$\boldsymbol{R}^n$ の線形変換 f の基底 $\boldsymbol{p}$ に関する表現行列は次のようになる．

$$\begin{pmatrix} B_1 & O \\ O & B_2 \end{pmatrix} \tag{6}$$

ただし，B_1，B_2 は同じ固有値に対するジョルダン細胞をいくつか並べたものである．

(6) において，$m_i=1$ のときは，固有値 λ_i に関する固有ベクトル $\boldsymbol{p}_1$ をとると，$\boldsymbol{p}=\{\boldsymbol{p}_1\}$ は W_i の基底である．$f(\boldsymbol{p}_1)=\lambda_i\boldsymbol{p}_1$ より，W_i の線形変換 f の $\boldsymbol{p}$ に関する表現行列 B_i は $J(\lambda_i;1)$ である．

また，$m_i = 2$, $\dim \mathrm{Ker}\,(A - \lambda_i E) = 1$ のときは，115 ページのように基底 $\boldsymbol{p} = \{\boldsymbol{p}_1,\ \boldsymbol{p}_2\}$ を定めると，W_i の線形変換 f の $\boldsymbol{p}$ に関する表現行列は，115 ページの (7) より $J(\lambda_i; 2)$ となる．

同様に，$m_i = 3$, $\dim \mathrm{Ker}\,(A - \lambda_i E) = 1$ のときは，119 ページのように基底 $\boldsymbol{p} = \{\boldsymbol{p}_1,\ \boldsymbol{p}_2,\ \boldsymbol{p}_3\}$ を定めると，W_i の線形変換 f の $\boldsymbol{p}$ に関する表現行列は $J(\lambda_i; 3)$ である．

他の場合も，例題 4 や問 6 と同様にしてジョルダン標準形が求められる．

例題 5　次の行列 A をジョルダン標準形に変形せよ．

$$A = \begin{pmatrix} -4 & -1 & 2 & 4 & -1 \\ 4 & 5 & -1 & -3 & 1 \\ -5 & -1 & 4 & 3 & -1 \\ -3 & 1 & 1 & 4 & 0 \\ 7 & 3 & -2 & -5 & 4 \end{pmatrix}$$

ただし，A の固有多項式が $p_A(\lambda) = (\lambda - 2)^2(\lambda - 3)^3$ であること，および $\dim \mathrm{Ker}\,(A - 2E) = 1$, $\dim \mathrm{Ker}\,(A - 3E) = 1$ となることを用いてよい．

解　$\dim \mathrm{Ker}\,(A - 2E)^2 = 2$ である．実際

$$(A - 2E)^2 = \begin{pmatrix} 3 & 2 & -1 & -2 & 1 \\ 9 & 6 & -2 & -7 & 2 \\ 0 & 0 & 0 & 0 & 0 \\ 11 & 7 & -3 & -8 & 3 \\ 9 & 5 & -2 & -7 & 2 \end{pmatrix} \longrightarrow \begin{pmatrix} 1 & 1 & -1 & 0 & 1 \\ 0 & 1 & -2 & 2 & 2 \\ 0 & 0 & 1 & -1 & -1 \\ 0 & 0 & 0 & 0 & 0 \\ 0 & 0 & 0 & 0 & 0 \end{pmatrix}$$

したがって，83 ページの次元定理より

$$\dim \mathrm{Ker}\,(A - 2E)^2 = 5 - \mathrm{rank}\,(A - 2E)^2 = 2$$

$\mathrm{Ker}\,(A - 2E)^2$ のベクトルで，$\mathrm{Ker}\,(A - 2E)$ に属さないものを 1 つとり，

$\boldsymbol{p}_3$ とし，$\boldsymbol{p}_2 = (A-2E)\boldsymbol{p}_3$ とおく．例えば

$$\boldsymbol{p}_3 = \begin{pmatrix} 0 \\ 0 \\ 1 \\ 0 \\ 1 \end{pmatrix}, \ \boldsymbol{p}_2 = (A-2E)\boldsymbol{p}_3 = \begin{pmatrix} 1 \\ 0 \\ 1 \\ 1 \\ 0 \end{pmatrix}$$

次に

$$(A-3E)^3 = \begin{pmatrix} -20 & -4 & 7 & 12 & -4 \\ 0 & 0 & 0 & 0 & 0 \\ -15 & -3 & 5 & 9 & -3 \\ -20 & -4 & 7 & 12 & -4 \\ 5 & 1 & -2 & -3 & 1 \end{pmatrix} \to \begin{pmatrix} 5 & 1 & -2 & -3 & 1 \\ 0 & 0 & 1 & 0 & 0 \\ 0 & 0 & 0 & 0 & 0 \\ 0 & 0 & 0 & 0 & 0 \\ 0 & 0 & 0 & 0 & 0 \end{pmatrix}$$

$\mathrm{Ker}\,(A-3E)^3$ のベクトルで，$\mathrm{Ker}\,(A-3E)^2$ に属さないものを 1 つとり，$\boldsymbol{q}_3$ とし，$\boldsymbol{q}_2 = (A-3E)\boldsymbol{q}_3$，$\boldsymbol{q}_1 = (A-3E)\boldsymbol{q}_2$ とおく．例えば

$$\boldsymbol{q}_3 = \begin{pmatrix} -1 \\ 0 \\ 0 \\ 0 \\ 5 \end{pmatrix}, \ \boldsymbol{q}_2 = (A-3E)\boldsymbol{q}_3 = \begin{pmatrix} 2 \\ 1 \\ 0 \\ 3 \\ -2 \end{pmatrix}, \ \boldsymbol{q}_1 = (A-3E)\boldsymbol{q}_2 = \begin{pmatrix} -1 \\ -1 \\ 0 \\ -2 \\ 0 \end{pmatrix}$$

$P = (\boldsymbol{p}_2\ \boldsymbol{p}_3\ \boldsymbol{q}_1\ \boldsymbol{q}_2\ \boldsymbol{q}_3)$ とおくと

$$P^{-1}AP = \begin{pmatrix} 2 & 1 & 0 & 0 & 0 \\ 0 & 2 & 0 & 0 & 0 \\ 0 & 0 & 3 & 1 & 0 \\ 0 & 0 & 0 & 3 & 1 \\ 0 & 0 & 0 & 0 & 3 \end{pmatrix}$$

//

問 7　次の行列 A をジョルダン標準形に変形せよ．

$$A = \begin{pmatrix} 7 & -8 & 10 & -10 \\ 3 & -4 & 6 & -6 \\ 3 & -3 & 5 & -6 \\ 4 & -4 & 5 & -6 \end{pmatrix}$$

ただし，A の固有多項式が $p_A(\lambda) = (\lambda + 1)^2(\lambda - 2)^2$ であることを用いてよい．

正方行列 A が 3 個以上の固有値をもつ場合も同様である．すなわち，任意の正方行列のジョルダン標準形が得られることが知られている．

解 答

1章

練習問題 (p.20〜22)

1. $x=5,\ y=6,\ z=4$

2. (1) $\begin{pmatrix} -1 \\ 4 \\ 1 \end{pmatrix}$, 大きさ $3\sqrt{2}$

(2) $\begin{pmatrix} 7 \\ 5 \\ 4 \end{pmatrix}$, 大きさ $3\sqrt{10}$

3. $\begin{pmatrix} 3 \\ -2 \\ -3 \end{pmatrix}$

4. (1) 17 (2) 27

5. $\dfrac{3}{4}\pi$

6. $k=-\dfrac{1}{2}$

7. (1) $\dfrac{1}{3}\begin{pmatrix} 8 & -19 & 9 \\ -1 & -12 & -17 \end{pmatrix}$

(2) $3\begin{pmatrix} -1 & 5 & -3 \\ 2 & 3 & 7 \end{pmatrix}$

8. (1) $\begin{pmatrix} -12 & -24 \\ 29 & 37 \end{pmatrix}$

(2) $\begin{pmatrix} 3 & -3 & 6 \\ 20 & 25 & 16 \\ 10 & 4 & 11 \end{pmatrix}$

9. $AB=\begin{pmatrix} 8 & 5 \\ 20 & 13 \end{pmatrix}$

$BA=\begin{pmatrix} 13 & 20 \\ 5 & 8 \end{pmatrix}$

10. (1) 解はない.

(2) $x=s-t,\ y=-4s,\ z=t,$

$w=3s$ ($s,\ t$ は任意の実数)

11. (1) 3 (2) 3

12. (1) $\begin{pmatrix} 4 & 3 \\ 3 & 2 \end{pmatrix}$

(2) $\begin{pmatrix} -2 & -8 & 3 \\ 0 & 1 & 0 \\ 1 & 2 & -1 \end{pmatrix}$

13. $A^{-1}=\begin{pmatrix} 3 & 2 & -2 \\ 1 & 1 & -1 \\ 4 & 2 & -3 \end{pmatrix}$

(1) $x=1,\ y=2,\ z=-1$

(2) $x=3,\ y=-2,\ z=5$

14. (1) 77 (2) 32

15. (1) $(b-c)(c-a)(a-b)$

(2) $(a-b)^2(a+2b)$

16. $|A|^2 = |A||A| = |{}^tA||A|$

$= |{}^tAA| = |E| = 1$

したがって　$|A| = \pm 1$

17. (1) $\frac{1}{3}\begin{pmatrix} 2 & 0 & -1 \\ 0 & 3 & 0 \\ -1 & 0 & 2 \end{pmatrix}$

(2) $\begin{pmatrix} -4 & -1 & 7 \\ -1 & 0 & 1 \\ 3 & 1 & -5 \end{pmatrix}$

18. $\boldsymbol{c} = \lambda \boldsymbol{a} + \mu \boldsymbol{b}$ と表されるとすると，全てが 0 ではない係数の組 λ，μ，-1 によって $\lambda \boldsymbol{a} + \mu \boldsymbol{b} - \boldsymbol{c} = \boldsymbol{o}$ となる.

2章

問1　$\begin{pmatrix} 3 \\ 11 \\ -1 \\ -4 \end{pmatrix}$

問2　(1) 線形従属　(2) 線形独立

問3　$\lambda_1 \boldsymbol{x}_1 + \lambda_2(\boldsymbol{x}_1 + \boldsymbol{x}_2) + \lambda_3(\boldsymbol{x}_1 + \boldsymbol{x}_2 + \boldsymbol{x}_3) = \boldsymbol{o}$

とおいて，$\lambda_1 = \lambda_2 = \lambda_3 = 0$ を示せ.

問4　例えば

$$-4\boldsymbol{a}_1 + 2\boldsymbol{a}_2 + 1\boldsymbol{a}_3 + 0\boldsymbol{a}_4 = \boldsymbol{o}$$

である.

問5　$\boldsymbol{a}_1$，$\boldsymbol{a}_2$ の線形結合で表されるベクトルの集合は

$$\left\{ \begin{pmatrix} x_1 \\ x_2 \\ x_3 \end{pmatrix} \middle| \, 7x_1 - 3x_2 + x_3 = 0 \right\}$$

よって，例えば　$\begin{pmatrix} 0 \\ 0 \\ 1 \end{pmatrix}$

問6　行列式 $|\boldsymbol{a}_1\ \boldsymbol{a}_2\ \boldsymbol{a}_4| = 1$ より，行列 $(\boldsymbol{a}_1\ \boldsymbol{a}_2\ \boldsymbol{a}_4)$ は正則である.

問7　$\begin{pmatrix} \frac{3}{2} \\ \frac{1}{2} \end{pmatrix}_{\boldsymbol{a}}$

問8　$P = A^{-1}B$ より，$\boldsymbol{b}$ から $\boldsymbol{a}$ への変換行列は

$$B^{-1}A = (A^{-1}B)^{-1} = P^{-1}$$

問9　$\begin{pmatrix} -4 \\ -1 \end{pmatrix}_{\boldsymbol{b}}$

問10　成分による計算で示せ.

問11　(1) 2，4，4　(2) $\frac{\pi}{3}$

問12　$\boldsymbol{p}_1$，$\boldsymbol{p}_2$，$\boldsymbol{p}_3$ の順に

$$\frac{1}{\sqrt{14}}\begin{pmatrix} 1 \\ 3 \\ 2 \end{pmatrix}, \frac{1}{\sqrt{6}}\begin{pmatrix} -1 \\ -1 \\ 2 \end{pmatrix}, \frac{1}{\sqrt{21}}\begin{pmatrix} 4 \\ -2 \\ 1 \end{pmatrix}$$

問13　$\boldsymbol{p}_1$，$\boldsymbol{p}_2$，$\boldsymbol{p}_3$ の順に

$$\frac{1}{\sqrt{6}}\begin{pmatrix} 1 \\ 2 \\ 1 \end{pmatrix}, \frac{1}{\sqrt{2}}\begin{pmatrix} 1 \\ 0 \\ -1 \end{pmatrix}, \frac{1}{\sqrt{3}}\begin{pmatrix} 1 \\ -1 \\ 1 \end{pmatrix}$$

問14　$\mathrm{B}\left(-\frac{4}{\sqrt{10}}, \frac{2}{\sqrt{10}}\right)$

$\mathrm{C}\left(-\frac{2}{\sqrt{10}},\ -\frac{4}{\sqrt{10}}\right)$

$\mathrm{D}\left(\frac{4}{\sqrt{10}},\ -\frac{2}{\sqrt{10}}\right)$

練習問題 (p.47)

1. (1) 線形独立　(2) 線形従属

2. (1) 線形独立　(2) 線形従属

3. (1) $\begin{pmatrix} 0 & 1 & -1 \\ 1 & -1 & 0 \\ 0 & 1 & 1 \end{pmatrix}$

(2) $\begin{pmatrix} -1 \\ -3 \\ 5 \end{pmatrix}_{\boldsymbol{a}},\ \begin{pmatrix} -1 \\ 2 \\ 3 \end{pmatrix}_{\boldsymbol{b}}$

4. (1) $\frac{\pi}{6}$　(2) $\frac{2}{3}\pi$

5. (1)

$$\frac{1}{\sqrt{2}}\begin{pmatrix} 1 \\ -1 \\ 0 \end{pmatrix},\ \frac{1}{\sqrt{22}}\begin{pmatrix} 3 \\ 3 \\ 2 \end{pmatrix},\ \frac{1}{\sqrt{11}}\begin{pmatrix} -1 \\ -1 \\ 3 \end{pmatrix}$$

(2)

$$\frac{1}{\sqrt{2}}\begin{pmatrix} 1 \\ 1 \\ 0 \\ 0 \end{pmatrix},\ \frac{1}{\sqrt{6}}\begin{pmatrix} -1 \\ 1 \\ 2 \\ 0 \end{pmatrix},$$

$$\frac{1}{2\sqrt{3}}\begin{pmatrix} 1 \\ -1 \\ 1 \\ 3 \end{pmatrix},\ \frac{1}{2}\begin{pmatrix} -1 \\ 1 \\ -1 \\ 1 \end{pmatrix}$$

3章

問1 (1) 向きが反対で大きさが 2 倍のベクトルに対応させる変換

(2) y 軸に関して点 P と対称な点を P′ とするとき，$\boldsymbol{x} = \overrightarrow{\mathrm{OP}}$ を $\boldsymbol{x}' = \overrightarrow{\mathrm{OP'}}$ に対応させる変換

問2 (1) $\begin{pmatrix} -2 & 0 \\ 0 & -2 \end{pmatrix}$

(2) $\begin{pmatrix} 0 & 1 \\ 1 & 0 \end{pmatrix}$

問3 $\begin{pmatrix} 2 & 1 & 1 \\ 0 & 1 & 2 \\ 1 & -1 & 0 \end{pmatrix}$

問4 $\frac{1}{3}\begin{pmatrix} -2 & 2 & 1 \\ 2 & 1 & 2 \\ 1 & 2 & -2 \end{pmatrix}$

問5 (1) $\lambda = -2,\ c_1\begin{pmatrix} 1 \\ 1 \end{pmatrix}_{\boldsymbol{p}}\ (c_1 \neq 0)$

$\lambda = 3,\ c_2\begin{pmatrix} 2 \\ 1 \end{pmatrix}_{\boldsymbol{p}}\ (c_2 \neq 0)$

(2) $\lambda=-2,\ c_1\begin{pmatrix}3\\1\end{pmatrix}$ $(c_1 \neq 0)$

$\lambda=3,\ c_2\begin{pmatrix}5\\4\end{pmatrix}$ $(c_2 \neq 0)$

問6　問 5(2) の解答より

$$\boldsymbol{q}_1=\begin{pmatrix}3\\1\end{pmatrix},\ \boldsymbol{q}_2=\begin{pmatrix}5\\4\end{pmatrix}$$

は，それぞれ A の固有値 -2，3 に対する固有ベクトルであることを用いよ．

$Q=(\boldsymbol{q}_1\ \boldsymbol{q}_2)=\begin{pmatrix}3&5\\1&4\end{pmatrix}$ とおくと

$$Q^{-1}AQ=\begin{pmatrix}-2&0\\0&3\end{pmatrix}$$

問7　固有値 $\lambda=1$（2 重解）に対応する固有ベクトルは　$c_1\begin{pmatrix}1\\0\end{pmatrix}$ $(c_1 \neq 0)$

固有ベクトルからなる基底を作ることができないため，対角化可能ではない．

問8　$P=\dfrac{1}{\sqrt{5}}\begin{pmatrix}2&1\\-1&2\end{pmatrix}$

$${}^tPAP=\begin{pmatrix}0&0\\0&5\end{pmatrix}$$

問9　$\begin{pmatrix}-3&2\\2&-3\end{pmatrix}$ の固有値は -1，-5

それぞれに対する大きさ 1 の固有ベクトルは

$$\boldsymbol{p}_1=\frac{1}{\sqrt{2}}\begin{pmatrix}1\\1\end{pmatrix},\ \boldsymbol{p}_2=\frac{1}{\sqrt{2}}\begin{pmatrix}-1\\1\end{pmatrix}$$

$P=(\boldsymbol{p}_1\ \boldsymbol{p}_2)$ によって

$\begin{pmatrix}x_1\\x_2\end{pmatrix}=P\begin{pmatrix}y_1\\y_2\end{pmatrix}_{\boldsymbol{p}}$　とすると

$\dfrac{dy_1}{dt}=-y_1,\ \dfrac{dy_2}{dt}=-5y_2$　から

$y_1=c_1e^{-t},\ y_2=c_2e^{-5t}$

（c_1，c_2 は任意定数）

解の表す曲線は下の図のようになる．

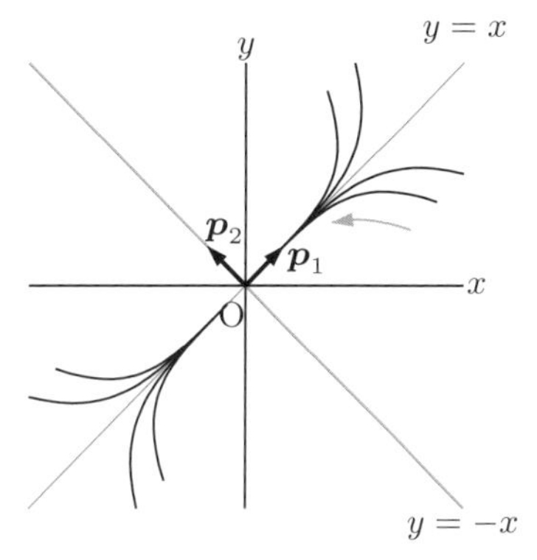

問10　$\begin{pmatrix}3&1\\0&2\\-1&0\end{pmatrix}$

問11　$\dfrac{1}{2}\begin{pmatrix}1&1&\sqrt{2}&-2\sqrt{2}\\6&0&-3\sqrt{2}&\sqrt{2}\end{pmatrix}$

練習問題 (p.69)

1. (1)　$A = \begin{pmatrix} 2 & 1 \\ 3 & 4 \end{pmatrix}$

(2)　$\lambda = 5,\ c_1\begin{pmatrix} 1 \\ 3 \end{pmatrix}_{\boldsymbol{p}}\quad (c_1 \fallingdotseq 0)$

$\lambda = 1,\ c_2\begin{pmatrix} -1 \\ 1 \end{pmatrix}_{\boldsymbol{p}}\quad (c_2 \fallingdotseq 0)$

(3)　$B = \dfrac{1}{3}\begin{pmatrix} 10 & 7 \\ 5 & 8 \end{pmatrix}$

$\lambda = 5,\ c_1\begin{pmatrix} 7 \\ 5 \end{pmatrix}\quad (c_1 \fallingdotseq 0)$

$\lambda = 1,\ c_2\begin{pmatrix} 1 \\ -1 \end{pmatrix}\quad (c_2 \fallingdotseq 0)$

2. (1)　$\lambda = 1,$

$\boldsymbol{x}_1 = c_1\begin{pmatrix} -1 \\ 0 \\ 1 \end{pmatrix} + c_2\begin{pmatrix} -1 \\ 1 \\ 0 \end{pmatrix}$

$((c_1,\ c_2) \fallingdotseq (0,\ 0))$

$\lambda = 7,\ \boldsymbol{x}_2 = c_3\begin{pmatrix} 1 \\ 1 \\ 1 \end{pmatrix}\quad (c_3 \fallingdotseq 0)$

(2)　$P = \begin{pmatrix} -\frac{1}{\sqrt{2}} & -\frac{1}{\sqrt{6}} & \frac{1}{\sqrt{3}} \\ 0 & \frac{2}{\sqrt{6}} & \frac{1}{\sqrt{3}} \\ \frac{1}{\sqrt{2}} & -\frac{1}{\sqrt{6}} & \frac{1}{\sqrt{3}} \end{pmatrix}$

のとき　${}^tPAP = \begin{pmatrix} 1 & 0 & 0 \\ 0 & 1 & 0 \\ 0 & 0 & 7 \end{pmatrix}$

3. (1)　$A = \begin{pmatrix} 2 & 1 \\ 1 & -3 \\ 1 & 1 \end{pmatrix}$

(2)　$B = \begin{pmatrix} 3 & -3 \\ -2 & 4 \\ 2 & 0 \end{pmatrix}$

4章

問1　(1) 任意の $\boldsymbol{x} \in W$ について

$\boldsymbol{o} = 0\boldsymbol{x} \in W$

(2) $-\boldsymbol{x} = (-1)\boldsymbol{x} \in W$

問2　$\boldsymbol{x}_1,\ \boldsymbol{x}_2 \in W_1 \cap W_2$ をとると

$W_1,\ W_2$ が部分空間であるから

$\lambda_1\boldsymbol{x}_1 + \lambda_2\boldsymbol{x}_2 \in W_1$　かつ

$\lambda_1\boldsymbol{x}_1 + \lambda_2\boldsymbol{x}_2 \in W_2$

よって　$\lambda_1\boldsymbol{x}_1 + \lambda_2\boldsymbol{x}_2 \in W_1 \cap W_2$

また，$\boldsymbol{x},\ \boldsymbol{y} \in W_1 + W_2$ をとると

$\boldsymbol{x} = \boldsymbol{x}_1 + \boldsymbol{x}_2,\ \boldsymbol{y} = \boldsymbol{y}_1 + \boldsymbol{y}_2$

$(\boldsymbol{x}_1,\ \boldsymbol{y}_1 \in W_1,\ \boldsymbol{x}_2,\ \boldsymbol{y}_2 \in W_2)$

となるから

$\lambda_1\boldsymbol{x} + \lambda_2\boldsymbol{y}$

$= (\lambda_1\boldsymbol{x}_1 + \lambda_2\boldsymbol{y}_1) + (\lambda_1\boldsymbol{x}_2 + \lambda_2\boldsymbol{y}_2)$

$\in W_1 + W_2$

問3　W の基底は　$\{\boldsymbol{a}_1,\ \boldsymbol{a}_2\}$

次元は　2

問4　$\mathrm{Ker}f =$

$$\left\{ c_1 \begin{pmatrix} -1 \\ 0 \\ 1 \end{pmatrix} + c_2 \begin{pmatrix} 1 \\ 1 \\ 0 \end{pmatrix} \middle| c_1,\ c_2 \in \boldsymbol{R} \right\}$$

次元は　2

$$\mathrm{Im}f = \left\{ c_3 \begin{pmatrix} 1 \\ 3 \end{pmatrix} \middle| c_3 \in \boldsymbol{R} \right\}$$

次元は　1

問5　$\mathrm{Im}f$ の基底は　$\left\{ \begin{pmatrix} 1 \\ 3 \end{pmatrix} \right\}$

問6　$W^{\perp}$ の基底は　$\left\{ \begin{pmatrix} 1 \\ 0 \\ 2 \end{pmatrix}, \begin{pmatrix} 1 \\ 2 \\ 0 \end{pmatrix} \right\}$

次元は　2

練習問題 (p.87)

1. $W_1 \cap W_2 = W_1,\ W_1 + W_2 = W_2$

2. W の基底　$\{\boldsymbol{a}_1,\ \boldsymbol{a}_2,\ \boldsymbol{a}_4\}$

次元は　3

3. $\mathrm{Ker}f$ の基底は　$\left\{ \begin{pmatrix} 1 \\ -4 \\ 0 \\ 1 \end{pmatrix}, \begin{pmatrix} 1 \\ -2 \\ 1 \\ 0 \end{pmatrix} \right\}$

$\mathrm{Im}f$ の基底は　$\left\{ \begin{pmatrix} 1 \\ 0 \\ 1 \end{pmatrix}, \begin{pmatrix} 1 \\ 1 \\ 0 \end{pmatrix} \right\}$

$\dim \mathrm{Ker}f = 2,\ \dim \mathrm{Im}f = 2$

4. $W^{\perp}$ の基底は　$\left\{ \begin{pmatrix} 1 \\ 1 \\ 0 \\ 1 \end{pmatrix}, \begin{pmatrix} 2 \\ 0 \\ 1 \\ 0 \end{pmatrix} \right\}$

次元は　2

5章

問1　ベクトル空間の公理を満たすことを示せ.

零ベクトルは零行列 O, 行列 A の逆ベクトルは $-A$

問2　$\lambda_0 q_0 + \lambda_1 q_1 + \lambda_2 q_2 = o$ とすると

$$(\lambda_0 - \lambda_1 + \lambda_2) + (\lambda_1 - 2\lambda_2)x + \lambda_2 x^2 = 0$$

より $\lambda_0 = \lambda_1 = \lambda_2 = 0$ が成り立つ.

問3　$\lambda_1 \begin{pmatrix} 1 & 0 \\ 0 & 0 \end{pmatrix} + \lambda_2 \begin{pmatrix} 0 & 1 \\ 0 & 0 \end{pmatrix}$

$$+ \lambda_3 \begin{pmatrix} 0 & 0 \\ 1 & 0 \end{pmatrix} + \lambda_4 \begin{pmatrix} 0 & 0 \\ 0 & 1 \end{pmatrix}$$

$$= \begin{pmatrix} 0 & 0 \\ 0 & 0 \end{pmatrix}$$ とすると

$$\begin{pmatrix} \lambda_1 & \lambda_2 \\ \lambda_3 & \lambda_4 \end{pmatrix} = \begin{pmatrix} 0 & 0 \\ 0 & 0 \end{pmatrix}$$

すなわち　$\lambda_1 = \lambda_2 = \lambda_3 = \lambda_4 = 0$

よって，線形独立である．

また，任意の行列 $\begin{pmatrix} a & b \\ c & d \end{pmatrix}$ は

$$a\begin{pmatrix} 1 & 0 \\ 0 & 0 \end{pmatrix} + b\begin{pmatrix} 0 & 1 \\ 0 & 0 \end{pmatrix} + c\begin{pmatrix} 0 & 0 \\ 1 & 0 \end{pmatrix} + d\begin{pmatrix} 0 & 0 \\ 0 & 1 \end{pmatrix}$$

と表される．したがって，$M_2(\boldsymbol{R})$ の基底である．

問4　$\{1 - x^2,\ 1 - 2x^2,\ x\}$

問5　$\begin{pmatrix} 1 \\ 2 \\ 3 \end{pmatrix}_{\boldsymbol{q}},\quad \begin{pmatrix} 2 \\ -4 \\ 3 \end{pmatrix}_{\boldsymbol{p}}$

問6　$\begin{pmatrix} 1 & 0 & 2 & 0 \\ 0 & 1 & 0 & 2 \\ 3 & 0 & 4 & 0 \\ 0 & 3 & 0 & 4 \end{pmatrix}$

問7　固有値，固有ベクトルの順に

$\lambda = 1,\ \ c_1(-1 + x)\quad (c_1 \fallingdotseq 0)$

$\lambda = 3,\ \ c_2(1 + x)\quad (c_2 \fallingdotseq 0)$

問8　$\lambda_1,\ \lambda_2 \in \boldsymbol{R},\ A_1,\ A_2 \in S_2(\boldsymbol{R})$ について

$${}^t(\lambda_1 A_1 + \lambda_2 A_2) = \lambda_1 {}^t A_1 + \lambda_2 {}^t A_2 = \lambda_1 A_1 + \lambda_2 A_2$$

よって $\lambda_1 A_1 + \lambda_2 A_2 \in S_2(\boldsymbol{R})$

問9　$\lambda_1\begin{pmatrix} 1 & 0 \\ 0 & 0 \end{pmatrix} + \lambda_2\begin{pmatrix} 0 & 0 \\ 0 & 1 \end{pmatrix} + \lambda_3\begin{pmatrix} 0 & 1 \\ 1 & 0 \end{pmatrix} = \begin{pmatrix} 0 & 0 \\ 0 & 0 \end{pmatrix}$

とすると

$$\begin{pmatrix} \lambda_1 & \lambda_3 \\ \lambda_3 & \lambda_2 \end{pmatrix} = \begin{pmatrix} 0 & 0 \\ 0 & 0 \end{pmatrix}$$

すなわち　$\lambda_1 = \lambda_2 = \lambda_3 = 0$

よって，線形独立である．

また，任意の $\begin{pmatrix} a & b \\ b & d \end{pmatrix} \in S_2(\boldsymbol{R})$ は

$$a\begin{pmatrix} 1 & 0 \\ 0 & 0 \end{pmatrix} + d\begin{pmatrix} 0 & 0 \\ 0 & 1 \end{pmatrix} + b\begin{pmatrix} 0 & 1 \\ 1 & 0 \end{pmatrix}$$

と表される．

したがって，$S_2(\boldsymbol{R})$ の基底である．

また，これから　$\dim S_2(\boldsymbol{R}) = 3$

問10　$\mathrm{Ker} f = \langle 1 \rangle,\ \mathrm{Im} f = P_1(\boldsymbol{R})$

問11　$\lambda_1 \boldsymbol{a}_1 + \cdots + \lambda_n \boldsymbol{a}_n = \boldsymbol{o}$ とすると

$$\lambda_1(\boldsymbol{a}_1,\ \boldsymbol{a}_k) + \cdots + \lambda_n(\boldsymbol{a}_n,\ \boldsymbol{a}_k) = \lambda_k(\boldsymbol{a}_k,\ \boldsymbol{a}_k) = 0$$

$\boldsymbol{a}_k \fallingdotseq \boldsymbol{o}$ より $(\boldsymbol{a}_k,\ \boldsymbol{a}_k) \fallingdotseq 0$

よって $\lambda_k = 0\ (k = 1,\ \cdots,\ n)$ が成り立つ．

問12　$e_1 = \dfrac{1}{\sqrt{2}},\ e_2 = \sqrt{\dfrac{3}{2}}x,$

$$e_3 = \frac{3\sqrt{5}}{2\sqrt{2}}\left(x^2 - \frac{1}{3}\right),$$

$$e_4 = \frac{5\sqrt{7}}{2\sqrt{2}}\left(x^3 - \frac{3}{5}x\right)$$

問13　(III) $z = x + yi$ とおくと

$$z\overline{z} = (x+yi)(x-yi) = x^2+y^2 = |z|^2$$

(V) $z = x_1 + y_1 i,\ w = x_2 + y_2 i$ とおくと

$$zw = (x_1x_2 - y_1y_2) + (x_1y_2 + x_2y_1)i$$

より

$$\begin{aligned}\overline{z}\,\overline{w} &= (x_1 - y_1 i)(x_2 - y_2 i)\\ &= (x_1x_2 - y_1y_2) - (x_1y_2 + x_2y_1)i\\ &= \overline{zw}\end{aligned}$$

問14　$\mathrm{rank}(\boldsymbol{a}_1\ \boldsymbol{a}_2\ \boldsymbol{a}_3) = 2$ より線形従属である．

問15

$$\begin{aligned}\boldsymbol{a}\cdot\boldsymbol{b} &= \overline{a_1}b_1 + \cdots + \overline{a_n}b_n\\ &= \overline{\overline{b_1}}\,\overline{a_1} + \cdots + \overline{\overline{b_n}}\,\overline{a_n}\\ &= \overline{\overline{b_1}a_1 + \cdots + \overline{b_n}a_n} = \boldsymbol{b}\cdot\boldsymbol{a}\end{aligned}$$

問16　$\boldsymbol{a}\cdot\boldsymbol{b} = 7 - 8i,\ |\boldsymbol{a}| = \sqrt{14},$ $|\boldsymbol{b}| = 3\sqrt{3}$

問17　$P = \begin{pmatrix} -i & i \\ 1 & 1 \end{pmatrix}$ とおくと

$$P^{-1}AP = \begin{pmatrix} 1 & 0 \\ 0 & 3 \end{pmatrix}$$

問18　$x = -2,\ y = 3,\ z = 0$

問19　$U^* = \dfrac{1}{2}\begin{pmatrix} 1 & -i & 1-i \\ -i & -1 & 1+i \\ -\sqrt{2}\,i & \sqrt{2} & 0 \end{pmatrix}$ を用いて，$U^*U = E$ を示せ．

問20　$U = \dfrac{1}{\sqrt{2}}\begin{pmatrix} -i & i \\ 1 & 1 \end{pmatrix}$ とおくと U はユニタリ行列で $U^*AU = \begin{pmatrix} 1 & 0 \\ 0 & 3 \end{pmatrix}$

練習問題 (p.112)

1. $\lambda_1 A + \lambda_2 B + \lambda_3 C + \lambda_4 D = O$ とすると $\lambda_1 = \lambda_2 = \lambda_3 = \lambda_4 = 0$ となることを示せ．また，任意の $a,\ b,\ c,\ d$ に対して

$$\lambda_1 A + \lambda_2 B + \lambda_3 C + \lambda_4 D = \begin{pmatrix} a & b \\ c & d \end{pmatrix}$$

となる $\lambda_1,\ \lambda_2,\ \lambda_3,\ \lambda_4$ が存在することを示せ．$\lambda_1,\ \lambda_2,\ \lambda_3,\ \lambda_4$ は

$$\lambda_1 = \frac{1}{2}(a + b - c - d)$$

$$\lambda_2 = \frac{1}{2}(a - b + c - d)$$

$$\lambda_3 = \frac{1}{2}(a - b - c + d)$$

$$\lambda_4 = \frac{1}{2}(-a + b + c + d)$$

と求められる．

2. $$\big(p(x)\ \ p'(x)\ \ p''(x)\ \ p^{(3)}(x)\big) = (1\ \ x\ \ x^2\ \ x^3)P$$

となる P を求め，P が正則であることを示せ．P が基底の変換行列になる．

3. (1)　$f(1) = 2+x,\ f(x) = 2x+x^2,$

$f(x^2) = x + 2x^2$ より

表現行列は $\begin{pmatrix} 2 & 0 & 0 \\ 1 & 2 & 1 \\ 0 & 1 & 2 \end{pmatrix}$

(2) 固有値，固有ベクトルの順に

$\lambda = 1,\ c_1(x - x^2) \quad (c_1 \neq 0)$

$\lambda = 2,\ c_2(1 - x^2) \quad (c_2 \neq 0)$

$\lambda = 3,\ c_3(x + x^2) \quad (c_3 \neq 0)$

4.

(1) $U = \begin{pmatrix} \frac{2i}{\sqrt{5}} & \frac{1}{\sqrt{5}} \\ \frac{1}{\sqrt{5}} & \frac{2i}{\sqrt{5}} \end{pmatrix}$ とおくと

$$U^*AU = \begin{pmatrix} 2 & 0 \\ 0 & -3 \end{pmatrix}$$

(2) $p_1 = \begin{pmatrix} -1 \\ 0 \\ 1 \end{pmatrix}$, $p_2 = \begin{pmatrix} -i \\ 1 \\ 0 \end{pmatrix}$ に実数の場合のグラム・シュミットの直交化と同様な方法を施せ．

$$U = \begin{pmatrix} -\frac{1}{\sqrt{2}} & -\frac{i}{\sqrt{6}} & \frac{1}{\sqrt{3}} \\ 0 & \frac{2}{\sqrt{6}} & -\frac{i}{\sqrt{3}} \\ \frac{1}{\sqrt{2}} & -\frac{i}{\sqrt{6}} & \frac{1}{\sqrt{3}} \end{pmatrix}$$

とおくと

$$U^*BU = \begin{pmatrix} -1 & 0 & 0 \\ 0 & -1 & 0 \\ 0 & 0 & 2 \end{pmatrix}$$

5. $a = \frac{i}{\sqrt{6}}$, $b = -\frac{i}{\sqrt{3}}$, $c = -\frac{i}{\sqrt{6}}$

補章

問1 A^2 を計算して等式の左辺に代入せよ．

問2 $P = \begin{pmatrix} 1 & 0 \\ 1 & 1 \end{pmatrix}$ とおくと

$$P^{-1}AP = \begin{pmatrix} -2 & 1 \\ 0 & -2 \end{pmatrix}$$

問3 $P = \begin{pmatrix} 1 & 0 & 2 \\ 1 & 1 & 0 \\ 1 & 2 & -3 \end{pmatrix}$ とおくと

$$P^{-1}AP = \begin{pmatrix} 1 & 0 & 0 \\ 0 & -1 & 1 \\ 0 & 0 & -1 \end{pmatrix}$$

問4 例えば，$P = \begin{pmatrix} 1 & 3 & 1 \\ 1 & 3 & 0 \\ 1 & 2 & 0 \end{pmatrix}$ とおくと

$$P^{-1}AP = \begin{pmatrix} 3 & 1 & 0 \\ 0 & 3 & 1 \\ 0 & 0 & 3 \end{pmatrix}$$

問5　$(P^{-1}BP)^m$

$$= \begin{pmatrix} 2^m & m2^{m-1} & m(m-1)2^{m-3} \\ 0 & 2^m & m2^{m-1} \\ 0 & 0 & 2^m \end{pmatrix}$$

を用いよ．

$$2^{m-3}\begin{pmatrix} m^2+3m+8 & -m^2-3m & -m^2-7m \\ m^2+7m & -m^2-7m+8 & -m^2-11m \\ -4m & 4m & 4m+8 \end{pmatrix}$$

問6　固有値は　$\lambda = -1$ (4 重解)

$$A+E \longrightarrow \begin{pmatrix} 2 & -2 & 0 & 1 \\ 0 & 0 & 0 & 0 \\ 0 & 0 & 0 & 0 \\ 0 & 0 & 0 & 0 \end{pmatrix}$$

よって　$\dim \operatorname{Ker}(A+E) = 3,$

$\dim \operatorname{Ker}(A+E)^2 = 4$

$\operatorname{Ker}(A+E)$ のベクトル $\boldsymbol{p}$ は

$$\boldsymbol{p} = c_1\begin{pmatrix} -1 \\ 0 \\ 0 \\ 2 \end{pmatrix} + c_2\begin{pmatrix} 0 \\ 0 \\ 1 \\ 0 \end{pmatrix} + c_3\begin{pmatrix} 1 \\ 1 \\ 0 \\ 0 \end{pmatrix}$$

(c_1, c_2, c_3 は任意)

拡大係数行列 $(A+E \ \ \boldsymbol{p})$ を変形して

$$\begin{pmatrix} 2 & -2 & 0 & 1 & c_1-c_3 \\ 0 & 0 & 0 & 0 & c_1 \\ 0 & 0 & 0 & 0 & -2c_1+c_2+2c_3 \\ 0 & 0 & 0 & 0 & 2c_1 \end{pmatrix}$$

解があるためには

$c_1 = 0,\ c_2 = -2c_3$

したがって，例えば，$c_3 = 1,\ c_2 = -2$ とおいて $\boldsymbol{p}_3$ を定め，$(A+E)\boldsymbol{x} = \boldsymbol{p}_3$ の解の 1 つを $\boldsymbol{p}_4$ とおく．

$$\boldsymbol{p}_3 = \begin{pmatrix} 1 \\ 1 \\ -2 \\ 0 \end{pmatrix},\ \boldsymbol{p}_4 = \begin{pmatrix} 0 \\ 0 \\ 0 \\ -1 \end{pmatrix}$$

また

$$\boldsymbol{p}_1 = \begin{pmatrix} -1 \\ 0 \\ 0 \\ 2 \end{pmatrix},\ \boldsymbol{p}_2 = \begin{pmatrix} 0 \\ 0 \\ 1 \\ 0 \end{pmatrix}$$

とおくと，$\{\boldsymbol{p}_1,\ \boldsymbol{p}_2,\ \boldsymbol{p}_3\}$ は $\operatorname{Ker}(A+E)$ の基底となる．

よって，$P = (\boldsymbol{p}_1\ \boldsymbol{p}_2\ \boldsymbol{p}_3\ \boldsymbol{p}_4)$ とおくと

$$P^{-1}AP = \begin{pmatrix} -1 & 0 & 0 & 0 \\ 0 & -1 & 0 & 0 \\ 0 & 0 & -1 & 1 \\ 0 & 0 & 0 & -1 \end{pmatrix}$$

問7 $A+E \longrightarrow \begin{pmatrix} 1 & -1 & -1 & 1 \\ 0 & 0 & 1 & -1 \\ 0 & 0 & 0 & 0 \\ 0 & 0 & 0 & 0 \end{pmatrix}$

より $\dim \mathrm{Ker}\,(A+E)=2$

基底の1つ $\{\boldsymbol{p}_1,\ \boldsymbol{p}_2\}$ をとる．例えば

$$\boldsymbol{p}_1 = \begin{pmatrix} 0 \\ 0 \\ 1 \\ 1 \end{pmatrix},\ \boldsymbol{p}_2 = \begin{pmatrix} 1 \\ 1 \\ 0 \\ 0 \end{pmatrix}$$

また

$$A-2E \longrightarrow \begin{pmatrix} 1 & -4 & 5 & -2 \\ 0 & 2 & -3 & 0 \\ 0 & 0 & 1 & 0 \\ 0 & 0 & 3 & 0 \end{pmatrix}$$

$$(A-2E)^2 \longrightarrow \begin{pmatrix} 1 & -2 & 2 & -2 \\ 0 & 1 & -1 & 0 \\ 0 & 0 & 0 & 0 \\ 0 & 0 & 0 & 0 \end{pmatrix}$$

より

$$\dim \mathrm{Ker}\,(A-2E)=1$$

$$\dim \mathrm{Ker}\,(A-2E)^2=2$$

$\mathrm{Ker}\,(A-2E)^2$ に属し，$\mathrm{Ker}\,(A-2E)$ に属さないベクトル $\boldsymbol{q}_2$ をとり，$\boldsymbol{q}_1=(A-2E)\,\boldsymbol{q}_2$ とおく．例えば

$$\boldsymbol{q}_2 = \begin{pmatrix} 0 \\ 1 \\ 1 \\ 0 \end{pmatrix},\ \boldsymbol{q}_1 = \begin{pmatrix} 2 \\ 0 \\ 0 \\ 1 \end{pmatrix}$$

$P=(\boldsymbol{p}_1\ \boldsymbol{p}_2\ \boldsymbol{q}_1\ \boldsymbol{q}_2)$ とおくと

$$P^{-1}AP = \begin{pmatrix} -1 & 0 & 0 & 0 \\ 0 & -1 & 0 & 0 \\ 0 & 0 & 2 & 1 \\ 0 & 0 & 0 & 2 \end{pmatrix}$$

索引

執筆　群馬工業高等専門学校教授　碓氷　　久
元東邦大学理学部訪問教授　高遠　節夫
長野工業高等専門学校教授　濵口　直樹
神奈川大学理学部教授　松澤　　寛
木更津工業高等専門学校教授　山下　　哲
校閲　京都工芸繊維大学大学院教授　井川　　治
都立産業技術高等専門学校教授　篠原　知子
仙台高等専門学校准教授　下田　泰史
久留米工業高等専門学校准教授　高橋　正郎
鶴岡工業高等専門学校准教授　三浦　　崇
秋田工業高等専門学校准教授　森本　真理

2016.12.1 初版発行
2022.12.1 四版発行

表紙・カバー
田中　晋

はじめて学ぶベクトル空間

著作者　高遠　節夫　ほか4名
発行者　大日本図書株式会社　　代表　藤川　広
印刷者　星野精版印刷株式会社　　代表　入澤　誠一郎
〒116-0011 東京都荒川区西尾久 4 − 7 − 6
発行所　大日本図書株式会社
〒112-0012 東京都文京区大塚 3 − 11 − 6
振替口座：00190-2-219　電話 03-5940-8673（編集），8676（供給）
中部　支社　名古屋市千種区内山 1-14-19 高島ビル　電話 052-733-6662
関西　支社　大阪市北区東天満 2-9-4 千代田ビル東館 6 階 電話 06-6354-7315
九州　支社　福岡市中央区赤坂 1-15-33 ダイアビル福岡赤坂 7 階
電話 092-688-9596

ISBN978-4-477-03049-4